U0388258

百姓百味

经典
烤箱菜

甘智荣 ◎主编

黑龙江科学技术出版社
HEILONGJIANG SCIENCE AND TECHNOLOGY PRESS

图书在版编目（CIP）数据

经典烤箱菜 / 甘智荣主编. -- 哈尔滨：黑龙江科学技术出版社，2018.3
（百姓百味）
ISBN 978-7-5388-9508-7

Ⅰ.①经… Ⅱ.①甘… Ⅲ.①电烤箱－菜肴－菜谱
Ⅳ.①TS972.129.2

中国版本图书馆CIP数据核字(2018)第014204号

经 典 烤 箱 菜
JINGDIAN KAOXIANGCAI

主　　编	甘智荣	
责任编辑	侯文妍	
摄影摄像	深圳市金版文化发展股份有限公司	
策划编辑	深圳市金版文化发展股份有限公司	
封面设计	深圳市金版文化发展股份有限公司	
出　　版	黑龙江科学技术出版社	

地址：哈尔滨市南岗区公安街70-2号　邮编：150007
电话：（0451）53642106　传真：（0451）53642143
网址：www.lkcbs.cn

发　　行	全国新华书店
印　　刷	深圳市雅佳图印刷有限公司
开　　本	685 mm×920 mm　1/16
印　　张	13
字　　数	160千字
版　　次	2018年3月第1版
印　　次	2018年3月第1次印刷
书　　号	ISBN 978-7-5388-9508-7
定　　价	39.80元

目录 Contents

Chapter 1
烤箱入门常识大集合

Chapter 2

美味肉类烤箱菜

Chapter 3

经典海鲜烤箱菜

Chapter 4
清爽蔬果烤箱菜

烤箱入门常识大集合

Chapter 1

应该这样选购烤箱

样式类型

嵌入式烤箱

嵌入式烤箱具有烘烤速度快、密封性好、隔热性佳、温控准确与烘烤均匀等优点，而且安装嵌入式烤箱能使厨房显得更整洁。因此，嵌入式烤箱受到越来越多消费者的青睐。

台式小烤箱

台式小烤箱的最大优点是使用方便，所以有不少消费者都会选择此类烤箱。此外，台式小烤箱的价位会因其配置的不同而不同，这也满足了不同消费阶层的家庭的需求。

功能类型

普通简易型烤箱

普通简易型烤箱比较适合偶尔想要烘烤食物的家庭。不过需要注意的是，虽然此类烤箱的价格较低，但由于需要手动控制烤箱的温度和时间，所以不太适合新手使用。

三控自动型烤箱

假如您喜欢烘烤食物，且需要经常使用不同的烘烤方式，那么您可以选用功能较多的三控自动型烤箱，三控即定时、控温、调功率。

此类烤箱的烘烤功能齐全，但是价格较为昂贵。

控温定时型烤箱

对于一般家庭来说，选用控温定时型烤箱就已经能满足家庭日常烘烤食物的需求了。控温定时型烤箱不仅功能较齐全，性价比也较高。

功率选择

烤箱的功率一般在500~1200瓦，所以您在选购烤箱时，首先要考虑到家中所用电度表的容量及电线的承载能力。其次，您要考虑到您的家庭情况，如果您的家庭中人少且不常烘烤食物，可以选择功率为500~800瓦的烤箱；如果您的家庭人多且经常烘烤大件食物，则可选择功率为800~1200瓦的烤箱。

容量规格

家用烤箱的容量一般是从9~60升不等，所以您在选择家用烤箱的容量规格时，必须要充分考虑到您主要用烤箱来烘烤什么。假如您对烤箱的使用需求不仅停留在烤肉、烤蔬菜、烤吐司片的层面上，还希望能烤出更多丰富的菜品和美味的西点，那么编者建议您购买20升以上、尽可能大容量的家用烤箱。

烤箱的内胆

市面上的烤箱内胆主要分为镀锌板内胆、镀铝板内胆、不锈钢板内胆，以及不沾涂层内胆这四种材质。传统镀锌板内胆正逐渐退出市场，所以编者建议您还是不要考虑这种材质的内胆了。镀铝板内胆不仅比镀锌板内胆的抗氧化能力强、使用寿命长，而且镀铝板内胆的性价比较高，如果您不是每天都需要使用烤箱的话，镀

铝版内胆完全能满足您的家庭烘烤需求。

选购细节

想要选购一台好的烤箱，不仅要检查其外观是否完好，还要检查烤箱是否密封良好，密封性好的烤箱才能减少热量的散失。其次，要仔细试验箱门的润滑程度，箱门太紧会在打开时烫伤人，箱门太松可能会在使用途中不小心脱落。选购烤箱时，还应选择有上下两个加热管和三个烤盘位，而且可控温的烤箱。

正确使用烤箱很重要

关于烤箱知多少

烤箱可烘烤的食物

烤箱用处多多，不仅可以用来烤制各种蔬菜和肉类，还能用来烘焙各类西点。编者在此为您介绍生活中各种可用来烘烤的食物，供您选择烹饪。

蔬菜、水果都可以用来烤，比如烤韭菜、烤南瓜、烤茄子、烤苹果、烤香蕉和烤金针菇等。至于猪、牛、羊这些畜肉类，可选择的烘烤部位就更多了，比如烤猪蹄、烤牛肉卷和烤羊排等。禽蛋类的选择不仅仅局限于烤全鸡、烤全鸭，还能烤鹌鹑、烤乳鸽，只要您喜欢，您甚至能试试烤箱蒸蛋。

大家都知道烤鱼的味道可是一绝，所以您可以尝试用烤箱来烤制各类河鱼、海鱼，当然，像鱿鱼、龙虾、生蚝和扇贝等这些海产品，您也不能错过。此外，烤箱能烤制的可不只是蔬菜类和肉类，主食和西点也能用烤箱制作。无论是焗饭、焗面，还是烤馒头片、烤肉包，抑或是烘焙面包、蛋糕、饼干、蛋挞等西点，烤箱都能一次性满足您多个愿望。

烤箱的功能旋钮及其内部结构

定时器

当您在调控食物的烘烤时间时，最好是顺时针扭转定时器，不要强制逆转，以免影响定时器的使用寿命。举例来说，您本来要设定烤15分钟，但是不小心扭到了30分钟处，那么一定不要将旋钮从30分钟处直接逆时针扭回15分钟处，您应该先将定时器的旋钮扭至最大时间处，再将旋钮扭至15分钟处。

温控器

家用烤箱的设定温度与实际温度有误差，低温区与高温区的温度也很难保证调至一样标准。烤箱的温度还会随着季节的变化而产生误差，即在夏天调好了温度，但到了冬天，温度就可能变得不准，需要再次调整，这也就是您完全根据食谱来烘烤食物却得不到理想成品的原因。因此，您需要通过多次练习和试验来学会灵活调控好烤箱的温度。

上下管独立控温

如果您选购的烤箱具有上下独立控温功能，即上下加热管可以分别调节温度，那您烘烤食物会更得心应手。上管单用，可以帮助食物着色；

下管单用，能使食物皮酥脆可口；上下管同时用，能使烘烤的温度均匀，让食物外焦里嫩。因此，具有上下独立控温功能的烤箱可以让您根据不同的食材及其烘烤需求，灵活设置上下管的温度，避免上生下熟或下生上熟，方便您掌握火候。

如果您选购的烤箱不能实现上下管分别控温，那么在看到有要求上下管温度不一样的菜谱时，您可以取其上下火的平均值，把烘烤的温度调至平均值，并把烤盘放在靠下的一层，这样也能烘烤好食物。

风扇

烤箱带风扇是为了使食物在烘烤时受热更均匀，也是为了使烤箱散热更快。若是用带风扇的烤箱来烤肉，不仅能使成品的效果佳、口感好，还会比较节能。然而，编者需要提醒您，烤箱带风扇与否，对烤肉和烘焙西点是有不同的影响的。使用带风扇的烤箱来烘焙西点，会影响西点的着色，使得成品效果不佳。根据您的烘烤需求，您可选购带风扇的烤箱或是不带风扇的烤箱。编者的建议是，最好选择可以单独控制风扇开关的烤箱。

此外，需要注意的是，烤箱内的温度高低是会受烤箱有无开风扇所影响的，开风扇的箱内温度会比没开风扇的箱内温度低些。因此，您在使用烤箱的风扇时，要注意烤箱内的温度变化。

使用烤箱的窍门及注意事项

使用烤箱的小窍门

高温空烤去异味

新购买的或是长时间闲置的烤箱，可在使用前通过高温空烤来去除烤箱内的异味。高温空烤步骤如下：用干净柔软的湿布把烤箱内外擦拭一遍，等烤箱完全干燥后，将烤箱门打开，上下火全开，将烤箱上下管温度调至最高，空烤15分钟后即可正常使用。高温空烤期间，会出现烤箱冒烟、散出异味的现象，这都是正常的。

预热烤箱利烘烤

在使用烤箱烘烤任何食品之前，都需要先将烤箱预热。由于烘烤的食物不同，所需预热的温度及时间也不同。在烘烤鸡、鸭等大件，水分多的食物时，预热温度可选高些，选在250℃左右，预热时间可控制在15分钟；在烘烤花生米、芝麻等颗粒小、水分少的食物时，预热温度可选低些，预热时间可控制在5~8分钟。实际操作可根据食材性状来灵活调整预热时间，比如，烘烤带壳的花生预热时间可适当延长。

烤箱余热巧利用

在烤箱停电后的2～3分钟内，烤箱内的温度还会继续上升，这样会影响到本来烘烤适度的食物的成品效果。因此，我们若是能巧加利用烤箱的余热，根据食材的性状来适当减少其烘烤时间，用烤箱的余热把食物烤好，这样不仅可以省电，还能烤出美味的食物。

使用烤箱的注意事项

正确放置烤箱

烤箱应放置在平稳隔热的水平桌面上。烤箱的四周要预留足够的空间，保证烤箱距离四周的物品至少有10厘米远。烤箱的顶部不能放置任何物品，以免其在运作过程中产生不良影响。

准确控制烤温

在烘烤食物时，要注意准确控制烤箱的温度，以免影响成品效果。以烘烤蛋糕为例：一般情况下，蛋糕的体积越大，烘焙所需的温度越低，烘焙所需的时间越长。相信只要多加练习，您一定能掌控好烤箱的温度。

注意隔热勿烫伤

放入或取出烤盘时，一定要使用工具或是隔热手套，切勿用手直接触碰烤盘或烤制好的食物，以免烫伤。此外，开关烤箱门时也要格外小心，烤箱的外壳及玻璃门也很烫，注意别被烫伤。

清洁和保养烤箱

烤箱的清洁

（1）最好在每次使用完烤箱后就对烤箱进行清洁，否则，污垢存在的时间越久就越难去除，而且也会影响烤箱下一次的烘烤效果。

（2）在清洁烤箱时，一定要先断开电源，拔掉插头，并等烤箱完全冷却后，再用中性清洗剂清洗包括烤架和烤盘在内的所有附件。最后，用浸过清洁剂的柔软湿布清洁烤箱表面即可。编者建议在清洁的时候，最好不要使用尖锐的清洁工具，以免损伤烤盘的不沾涂层。

（3）烤网上若是有烧焦的污垢，可以利用锡箔纸的摩擦力来刷除。但是需要记得，在使用锡箔纸作为清洁工具之前，要将其搓揉过后再使用，因为这样可以增加锡箔纸的摩擦力。

（4）若是要清洁烤箱的电线，您只需要戴上尼龙手套，手套上涂抹少量的牙膏，用手指直接搓擦电线，再用抹布擦拭干净就可以了。

（5）需要特别注意的是，烤箱的加热管一般不用进行清洗。如果加热管上面沾了油污，烤箱会在加热时散发出异味。所以，当您在使用烤箱时闻到了异味，您再用柔软的湿布将加热管擦拭干净也不迟。

烤箱的保养

（1）在使用烤箱之前，您应该仔细阅读烤箱的使用说明书。您还应该注意检查烤箱的电源线与插头是否有破损，如果有破损应立即停止使用，否则可能会造成触电、漏电等问题。

（2）平常要养成良好的操作习惯，烤箱在不工作时，必须关掉总开关。日常要注意清理烤箱内外的灰尘，定期检查烤箱各部分的结构零件是否能正常运作，这样才能延长机器的使用寿命。

（3）烤箱最好不要放在靠近水源的地方，因为烤箱在工作时，整体温度都很高，如果碰到水，会造成温差，从而影响到食物的烘烤效果。

（4）烤箱最好摆放在通风的地方，不要放得太靠近墙壁，以便其散热。如果长时间都不使用烤箱，最好为烤箱盖上一层塑料袋，避免其沾染灰尘和油烟。

（5）烤箱如果要移位摆放，应轻拿轻放，防止碰撞，以防烤箱的内部结构和零件损坏。

烤箱新手常遇到的问题

问题1：烤盘的类型对烘烤不同的食物有影响吗？

在烘烤不同的食物时，烤盘应该选择对应的类型。例如：大孔烤盘适合用来烤鸡翅，而小孔烤盘适合用来烘焙蛋挞；烘焙比萨应使用聚热强的无孔厚板烤盘，这样可使比萨饼底更加香脆，而烘焙饼干则需要无孔薄板烤盘。

问题2：烤箱在加热时，有时候会发出声响，这正常吗？

这是正常的。烤箱外壳或内部元器件由于热膨胀的关系而发出声响，这一般出现在烤箱预热的过程中，当烤箱的温度稳定以后就不会响了。

问题3：烤箱的加热管一会儿亮起一会儿灭掉，是怎么回事？

烤箱在加热时，烤箱的加热管会发红、亮起，烤箱内的温度会上升。当箱内温度上升到一定程度时，加热管就会停止工作、变暗；当箱内温度逐渐降到某个范围时，加热管就会重新加热。因此，在加热管一会儿亮起一会儿灭掉的过程中，烤箱内的温度始终保持在设定的范围内。

问题4：如何去除烤箱烘烤食物后所残留的异味？

可以在烤箱内放上半个柠檬或是橘子皮，通电加热10分钟，这样就能起到吸除异味的作用。

问题5：按照食谱所给的时温来烘烤食物，但成品效果却不一样，这是为什么？

首先，食物的数量与薄厚程度都会影响到它的烘烤时间；其次，家用烤箱的温度存在误差，食谱的温度仅供参考。因此，您还需要根据食物的具体情况及自家烤箱的实际情况来控制时间和温度。

问题6：在家如何制作出市面上那种表层金黄色的芝士蛋糕？

想要做出表层是金黄色的芝士蛋糕，就需要给芝士蛋糕"上色"。"上色"是指通过控制上下火，使得食物表面呈现一定色泽，让食物成品更好看。您可以在芝士蛋糕快要烤熟时，即烤至最后3~5分钟时，将"上下火"模式调成"上火"模式，就可以为芝士蛋糕"上色"了。

问题7：在烤面包时，如果面包的一边已烤熟、颜色变深，而另一边还未烤熟、颜色未变深，该如何补救？

　　如果烤箱内的热量分布不均，就会出现面包烘烤不均的情况，那么您只需要从烤箱内取出烤盘，将烤盘调转180度，换个方向，再放回烤箱继续烤制，就能使面包受热均匀。

问题8：新手掌控不好食物烘烤的温度和时间，如何解决？

　　附上常用的食物烘烤温度及烘烤时间：

温度及时间	食物
50℃	食物保温、面团发酵
100℃	各类酥饼、曲奇饼、蛋挞
150℃	酥角、蛋糕
200℃	面包、烤花生、烤饼
250℃	各类扒、叉烧、烤肉、烤鱼、烤鸭
10~12分钟	饼、桃酥、串烧肉
12~15分钟	面包、排骨
15~20分钟	各类酥饼、烤花生
20~25分钟	牛扒、蛋糕、鸡翅
25~30分钟	鸡、鹅、鸭、烧肉
30~35分钟	烤鱼

烤箱美食必备的工具

烤箱

烤箱是可以用来烘烤食物的电器。用于
日常烘烤食物的家用烤箱，它不仅可以
用来烤制各类蔬菜、畜肉、禽蛋和水产，
还能用来烘焙各类西点。

烤盘

烤盘一般是长方形的，钢制或铁制的都
有，可用来烤蛋糕卷、做方形蛋糕等，
也可用来做苏打饼、方形比萨以及更多
种类的饼干。

玻璃碗

玻璃碗是指玻璃材质的碗，主要用来打
发鸡蛋，搅拌面粉、糖、油和水等。制作
西点时，至少要准备两个以上的玻璃碗。

量匙

量匙通常是金属或者不锈钢材质的，也
有塑料的是圆状或椭圆状带有小柄的一
种浅勺，主要用来量取少量液体或者少
量、细碎的物体。

量杯

一般的量杯杯壁上都有容量标示，可以
用来量取水、奶油等材料。

毛刷

主要用来刷油、刷蛋液以及刷去蛋糕屑等
的工具。在烘烤食物之前，用毛刷在食物
表层刷一层液体，可以帮助食物上色。

烘焙纸

烘焙纸耐高温，可以垫在烤盘底部，这样既能避免食物粘盘，方便清洗烤盘，又能保证食物的干净卫生。

锡纸

锡纸不仅可以用来充当烤盘垫纸，以免食物粘盘，还可以拿来包裹食物，以防食物被烤焦或是流失水分。

竹扦

竹扦主要用来穿串食物。可选购稍长一些的竹扦，以免在取出食物时烫伤手。

电子计时器

电子计时器是一种用来计算时间的仪器。一般厨房的计时器都是用来监测烘烤时间的，以免烘烤食物的时间不够或者超时。

电子秤

电子秤又称为电子计量秤，在西点制作中，用于称量粉类（如面粉、抹茶粉等）、细砂糖等需要准确称量的材料。

隔热手套

隔热手套是能够阻隔、防止各种形式的高温热度对手造成伤害的防护性手套。使用隔热手套来拿取烤盘，能防止手被烫伤。

丰富多样的烤箱菜酱汁

橙汁酱油

材料：〔容易操作的分量〕
青柠/1个，橙子/1个，日本清酒/80毫升，
酱油/250毫升，味淋/120毫升
做法：
1.青柠和橙子取汁备用。
2.将青柠汁、橙汁、日本清酒、酱油和味
淋混合搅拌即可。

厨房笔记：
甜咸香的酱汁腌渍的肉块，让人怎么吃
都不腻！

蜂蜜橙汁

材料：〔容易操作的分量〕
橙子/1个，橙汁/3汤匙，橄榄油/1汤匙，
蜂蜜/适量，盐/少许
做法：
1.将橙子的果肉剥出，放进搅拌机搅拌。
2.倒出搅拌好的橙汁，加入橄榄油、蜂
蜜、橙汁、盐搅拌均匀即可。

厨房笔记：
代替传统沙拉酱与水果沙拉混合，带来
新的味蕾感受之余还低能量无负担，绝
对是减肥星人的沙拉好搭档。

照烧酱汁

材料：〔容易操作的分量〕
酱油/50毫升，清酒/25毫升，白糖/20克
做法：
1.将所有用料混合均匀。
2.倒入锅中慢慢熬煮至白糖全部熔化即可。

厨房笔记：
照烧是日本菜肴的烹饪方法，通常是指在烧烤肉品过程中，外层涂抹大量酱油、糖水、清酒等照烧汁。

烤肉酱汁

材料：〔容易操作的分量〕
洋葱/90克，蒜/4瓣，小辣椒末/适量，沙茶酱/50克，番茄酱/50克，酱油/120毫升，蜂蜜/适量，辣椒粉/适量
做法：
1.洋葱和蒜切末备用。
2.把所有材料混合均匀，放入搅拌机中搅拌至酱汁幼滑即可。

厨房笔记：
烤肉酱汁是在烧烤肉品时经常会用到的一款酱汁，其口感较佳。

薄荷酸奶酱

材料：〔容易操作的分量〕
酸奶/100克，薄荷叶/10克，蒜末/10克，蜂蜜/10克，柠檬汁/适量，盐/少许，黑胡椒/少许
做法：
把所有材料混合搅拌均匀即可。

厨房笔记：
代替沙拉酱的又一低热量选择，如果不喜欢薄荷的味道，可以换成为新鲜香草，或者直接制作酸奶酱。

美味肉类烤箱菜

Chapter 2

秘制五彩烤肉

材料 五花肉170克
黄彩椒40克
胡萝卜75克
洋葱50克
香菇40克
西芹70克

调料 盐2克
孜然粉2克
生抽5毫升
料酒5毫升
食用油适量
烧烤料30克

做法

 ❶ 将洗净的黄彩椒、香菇、洋葱切成块。

 ❷ 洗净的西芹、胡萝卜切成小块。

 ❸ 洗好的五花肉去猪皮，切块。

 ❹ 将切好的五花肉装碗，倒入烧烤料。

 ❺ 加入孜然粉、少量盐、生抽、料酒。

 ❻ 拌匀，腌渍10分钟至入味。

 ❼ 备好烤箱，取出烤盘，放上锡纸。

 ❽ 刷上食用油。

 ❾ 放上切好的黄彩椒、香菇、胡萝卜、西芹、洋葱。

 ❿ 撒上盐，放上腌好的五花肉。

 ⓫ 将烤盘放入烤箱。

 ⓬ 关上箱门，将上下火温度调至200℃，烤20分钟即可。

叉烧酱烤五花肉

材料 五花肉170克

调料 老抽3毫升
料酒5毫升
食用油适量
叉烧酱40克

做法

❶ 洗净的五花肉去猪皮，切小块。

❷ 切好的五花肉装碗，倒入叉烧酱，搅拌均匀。

❸ 加入老抽、料酒拌匀，腌渍10分钟至入味。

❹ 烤盘放上锡纸，刷上食用油。

❺ 放上腌好的五花肉。

❻ 将烤盘放入烤箱中。

❼ 关好箱门，将上下火温度调至200℃，选择"双管发热"功能，烤25分钟
至熟即可。

香烤五花肉

材料 熟五花肉180克
土豆160克
葱花30克

调料 盐1克
鸡粉1克
胡椒粉2克
蚝油5克
老抽3毫升
生抽5毫升
韩式辣椒酱30克
蜂蜜20克

做法

❶ 将土豆洗净，去皮，切成片。

❷ 取一空碗，倒入葱花，加入蜂蜜、韩式辣椒酱。

❸ 加入盐、鸡粉、老抽、胡椒粉、蚝油、生抽。

❹ 搅拌均匀，制成调味汁。

❺ 五花肉装盘，在表面均匀地刷上调味汁。

❻ 备好烤箱，取出烤盘，铺上锡纸。

❼ 放上土豆片和刷好调味汁的五花肉。

❽ 打开箱门，将烤盘放入烤箱中。

❾ 关箱门，将上下火的温度调至200℃，烤15分钟至六成熟。

❿ 取出烤盘，将五花肉翻面。

⓫ 再将烤盘放入烤箱中，烤15分钟至熟透入味。

⓬ 取出烤盘，将五花肉切成片，将烤好的土豆片摆入盘中，放上切好的五花肉即可。

广式脆皮烧肉

材料 带皮五花肉250克
葱5克
姜5克
小苏打粉7克
八角适量

调料 盐3克
白糖3克
五香粉3克
生抽3毫升
料酒3毫升
老抽3毫升

做法

❶ 锅中注入清水烧开，放入五花肉、八角。

❷ 倒入葱、姜、1.5毫升料酒，煮沸，煮出血水。

❸ 将五花肉捞出，沥干水分，在猪皮上戳数个小孔。

❹ 将盐、小苏打粉均匀地抹在猪皮上。

❺ 将五花肉切开，但不切断。

❻ 五花肉装入碗中，淋入料酒、生抽、老抽。

❼ 放入白糖、五香粉，搅拌均匀腌渍2小时。

❽ 烤盘上铺上锡纸，放上五花肉，推入烤箱。

❾ 关上门，上下火温度调至230℃，选定"双管加热"，定时20分钟即可。

温馨小提示

在猪皮上戳洞是为了更好地入味，因此可以多戳几个洞。

花生酱烤肉串

材料 白芝麻10克
猪肉200克

调料 盐2克
鸡粉2克
料酒4毫升
生抽 3毫升
黑胡椒适量
食用油适量
花生酱20克

做法

❶ 处理好的猪肉对切，切成片。

❷ 猪肉装入碗中，放入盐、鸡粉、料酒、生抽、黑胡椒，拌匀。

❸ 用竹扦将猪肉穿起来。

❹ 均匀地刷上花生酱，撒上白芝麻。

❺ 烤盘上铺上锡纸，刷上食用油，放入肉串。

❻ 备好烤箱，将烤盘放入。

❼ 关上门，温度调为220℃，选定上下火加热，定时烤15分钟即可。

温馨小提示

猪肉在腌渍的时候，可以将时间稍微延长一点，这样子会更加入味。

培根卷

材料 培根20克
　　　胡萝卜60克
　　　香菇15克
　　　冬笋180克
　　　芹菜20克
调料 橄榄油适量

做法

❶ 处理好的冬笋切成细条；胡萝卜切成细条；芹菜切成段。

❷ 香菇去蒂切片；培根对半切开。

❸ 锅中注入适量清水烧开，倒入冬笋，汆片刻。

❹ 将冬笋捞出，沥干水分，待用。

❺ 再将胡萝卜、芹菜倒入，汆至断生。

❻ 将胡萝卜、芹菜捞出，沥干水分，待用。

❼ 将香菇倒入，汆1分钟。

❽ 将香菇捞出，沥干水分，待用。

❾ 将培根铺平，放上芹菜、胡萝卜、香菇、冬笋，将培根卷起。

❿ 将食材依次制成培根卷。

⓫ 将制好的培根卷摆入盘中，淋入橄榄油。

⓬ 放入预热好的烤箱中；关上箱门，将上下火温度调至150℃，烤8分钟。

烤火腿肠

材料 火腿肠200克　　　　　　　　　　**调料** 食用油适量

做法 ────────────────────────────────

❶ 将备好的火腿肠切片，再切成条形。

❷ 烤盘中铺好锡纸，刷上少许底油，摆上火腿肠，抹上食用油。

❸ 将烤盘推入预热好的烤箱中，关好箱门，调上火温度为200℃，再调下火温度为200℃，烤约10分钟至食材熟透。

❹ 断电后打开箱门，取出烤盘，将烤好的菜肴装盘摆好即成。

材料 切块猪肋排400克
洋葱半个
大葱半根
蒜3瓣

调料 烧酒75毫升
烤肉酱汁适量
盐少许
黑胡椒少许
橄榄油适量

烤猪排

做法

❶ 把猪肋排浸泡在凉水中去血水；把大葱切成四段；洋葱切片。

❷ 在装有沸水的汤锅中加入蒜瓣、大葱段、烧酒、猪肋排和少量黑胡椒，搅拌煮5分钟，捞出排骨，撒盐与黑胡椒，倒入烤肉酱汁，腌渍30～60分钟。

❸ 把腌渍好的猪肋排和洋葱片放在烤盘上，淋上橄榄油，放入烤箱，以220℃烤20～30分钟即可。

材料 排骨段270克
　　　 蒜头40克
　　　 姜片少许
调料 盐、鸡粉各2克
　　　 白胡椒粉少许
　　　 蚝油5克
　　　 料酒2毫升
　　　 生抽3毫升
　　　 食用油适量

蒜香烤排骨

做法 ——————————————————

❶ 排骨段洗净，装碗，倒入蒜头、姜片，淋上料酒、生抽，加入蚝油、白胡椒粉、盐、鸡粉，拌匀，腌渍一会儿，待用。

❷ 烤盘刷上食用油，放入腌渍好的排骨段，铺平，推入预热好的烤箱。

❸ 关好箱门，上下火调至200℃，选择"双管发热"功能，烤约20分钟至食材熟透；断电后打开箱门，取出烤盘，将烤好的菜肴装入盘中即成。

烤猪肋排

材料 猪肋排300克，白洋葱30克，蒜末5克，迷迭香适量

调料 盐、鸡粉、生粉各2克，生抽3毫升，蜂蜜30克，辣椒粉8克，黑胡椒5克

做法

❶ 将洗净的猪肋排切条；白洋葱洗净，切粒；迷迭香切碎。

❷ 取一个大盘，放入白洋葱、黑胡椒、蒜末、辣椒粉、盐、鸡粉、生粉、蜂蜜、迷迭香，注入清水，再淋入生抽，搅拌均匀制成腌料。

❸ 放入猪肋排，将两面粘上腌料腌渍入味。

❹ 将锡纸铺在烤盘上，放入猪肋骨，再放入烤箱，将上下火调至180℃，定时烤40分钟。

烤箱排骨

材料 排骨块180克

调料 叉烧酱35克，食用油适量

做法 ————

1. 沸水锅中倒入洗净的排骨，汆一会儿至去除血水和脏污。
2. 捞出汆好的排骨，沥干水分，装盘待用。
3. 取一碗，倒入汆好的排骨，放入叉烧酱拌匀，稍腌一会儿至入味。
4. 取出烤盘，刷一层油，放上腌好的排骨。
5. 将烤盘放入烤箱，上火调至200℃，选择"双管发热"功能，下火调至150℃，烤20分钟至熟，将烤好的排骨取出装盘即可。

材料 猪蹄1000克
苹果4个
土豆1个
胡萝卜1根
大蒜1颗
新鲜迷迭香段少许
调料 盐适量
料酒适量
橄榄油适量

盐烤猪蹄

做法

❶ 将猪蹄洗净，用棉线将猪蹄交错捆绑，抹上盐，淋入料酒，腌渍1小时；土豆、胡萝卜去皮洗净，切条；苹果、大蒜洗净，备用。

❷ 烤盘铺上锡纸，刷上适量橄榄油，放入土豆条、胡萝卜条、大蒜、苹果和腌好的猪蹄。

❸ 将烤盘放入烤箱中，以200℃的温度烤25分钟至猪蹄熟透，将所有烤好的材料取出装盘，撒上新鲜迷迭香段即可。

材料 熟猪蹄300克
　　 熟白芝麻适量
调料 蜂蜜15克
　　 辣椒粉10克
　　 黑胡椒粉少许
　　 孜然粉少许
　　 食用油适量

黑椒蜜汁烤猪蹄

做法

❶ 将熟猪蹄切小块，装入烤盘，给熟猪蹄均匀地刷上食用油，抹上蜂蜜，撒上黑胡椒粉、辣椒粉，撒上熟白芝麻、孜然粉，拌匀。

❷ 将烤盘推入预热好的烤箱，上下火温度调至180℃，选择"双管发热"功能，烤约10分钟至食材入味。

❸ 取出烤好的猪蹄，待稍微冷却后摆盘即可。

烤土豆小肉饼

材料 猪肉末40克，去皮土豆120克，
熟白芝麻10克

调料 食用油适量，烤肉汁20毫升

做法

 ❶ 土豆切成厚片，中间不切断，制成夹子状。

 ❷ 将肉末放入备好的碗中，倒入烤肉汁，拌匀。

 ❸ 夹取适量的肉馅放入土豆夹中，待用。

 ❹ 烤盘铺锡纸，刷一层油，放入土豆夹，再刷一层油，撒上熟白芝麻。

 ❺ 备好电烤箱，打开箱门，将食材放入其中。

 ❻ 关上箱门，将上下管温度调至200℃，烤制20分钟即可。

肉馅酿香菇

材料 香菇100克，牛肉末90克，葱花、姜末、朝天椒圈各少许

调料 盐、鸡粉、胡椒粉各1克，生抽、料酒各5毫升

做法

❶ 取一碗，倒入牛肉末、葱花、姜末，加入料酒、生抽、盐、鸡粉、胡椒粉，拌匀，腌渍10分钟至入味。

❷ 香菇洗净，将香菇蒂去掉，放上适量腌好的牛肉末，再放上少许朝天椒圈，制成肉馅酿香菇生坯，放入烤盘。

❸ 将烤盘放入烤箱，上下火调至200℃，选择"双管发热"功能，烤20分钟至熟，将烤好的肉馅酿香菇取出装盘即可。

温馨小提示

可以将香菇蒂切碎，放入碗中与牛肉末一同搅拌，这样既不浪费又能增添香味。

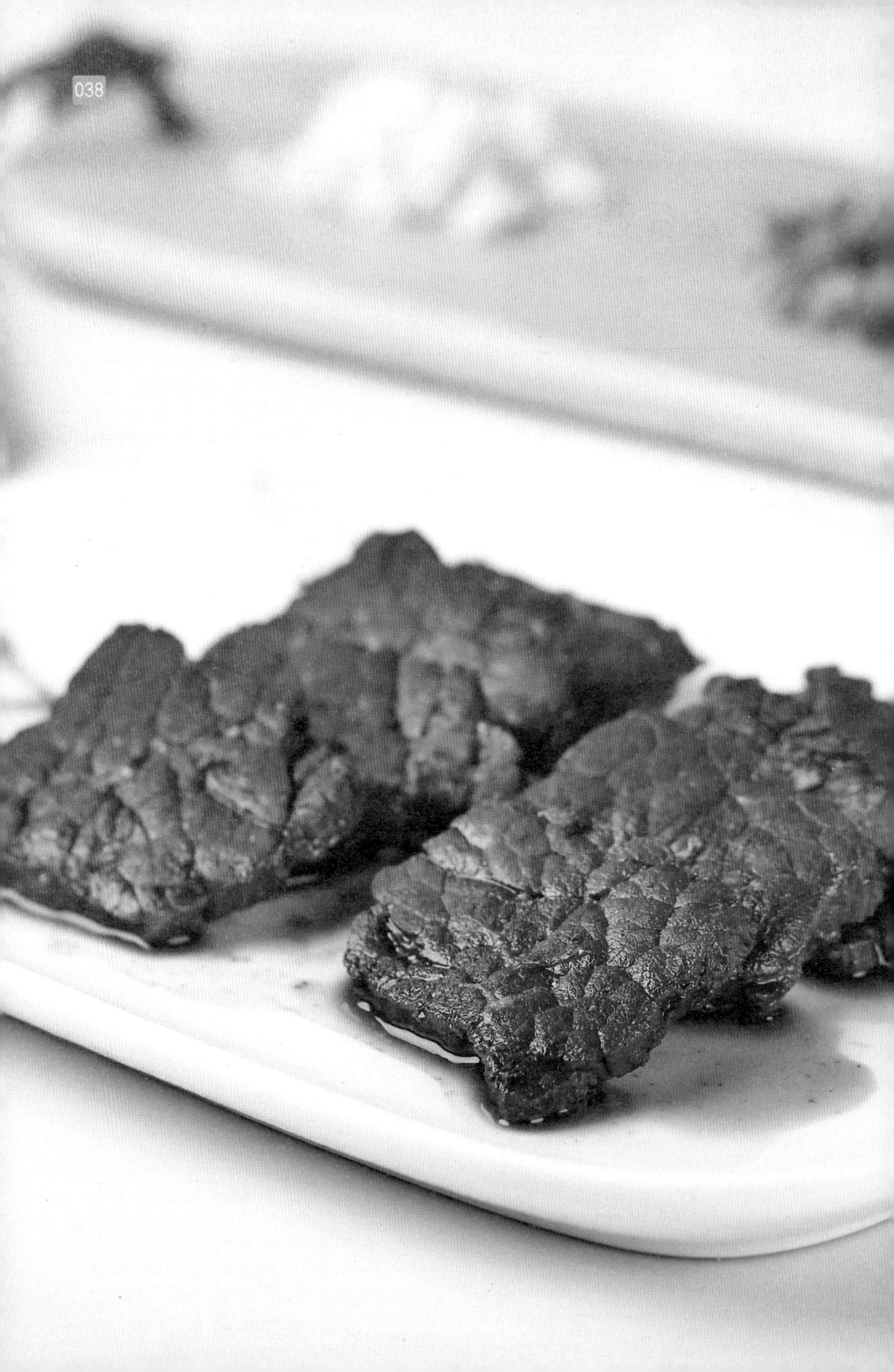

梨汁烤牛肉

材料 牛里脊150克
葱末适量
蒜末适量
姜末适量
鲜梨汁适量

调料 生抽适量
白糖适量
蜂蜜适量
盐适量
芝麻油适量

做法 ————

❶ 把生抽、白糖、蜂蜜、芝麻油、葱末、蒜末、姜末、盐放进碗中均匀搅拌。

❷ 在碗中加入鲜梨汁搅匀，制成腌肉的酱汁。

❸ 把牛里脊切成0.5厘米左右厚的片，放到装有酱汁的碗中搅匀，然后用冰箱冷藏1小时。

❹ 把牛里脊一片一片地码放在铺有锡纸的烤盘上。

❺ 把碗中剩余的酱汁淋在牛里脊片上，待烤箱预热至200℃时，烤上8分钟后取出，翻面再烤2分钟即可。

温馨小提示

牛肉高蛋白、低脂肪的特点，有利于防止肥胖，预防动脉硬化、高血压和冠心病。

烤箱牛肉

材料 牛肉120克，洋葱80克，姜
片少许

调料 盐、鸡粉、胡椒粉各1克，料
酒、生抽、食用油各5毫升

做法

❶ 洋葱洗净，切丝；牛肉洗净，切片。

❷ 牛肉片装碗，倒入少许姜片、洋葱丝，加盐、鸡粉、料酒、胡椒
粉、食用油、生抽拌匀，腌渍10分钟至入味。

❸ 将锡纸盒放入烤盘，把腌好的牛肉片倒入锡纸盒，将烤盘推入烤
箱，上下火温度调至200℃，选择"双管发热"功能，时间调至
"15"，烤15分钟至牛肉熟透，取出烤盘即可。

韭菜牛肉卷

材料　牛肉200克，韭菜100克

调料　五香粉5克，料酒10毫升，酱油15毫升，盐、橄榄油各适量

做法 ———

❶ 牛肉洗净沥干，用刀背将其拍松，再切薄片；韭菜洗净切段；将所有调料拌成酱料。

❷ 取一半酱料抹匀在牛肉片上，腌15分钟至其入味；再取剩余酱料抹匀在韭菜上，并用牛肉片将韭菜卷起，并用牙签固定住。

❸ 烤盘铺上锡纸，刷上橄榄油，放入韭菜牛肉卷；将烤盘放入烤箱，以200℃的温度烤20分钟，将烤好的韭菜牛肉卷取出装盘即可。

烤牛肉酿香菇

材料 牛肉末50克
　　 洋葱末20克
　　 胡萝卜末20克
　　 西芹末20克
　　 香菇100克

调料 盐3克
　　 干淀粉3克
　　 烧烤粉3克
　　 生抽5毫升
　　 橄榄油8毫升
　　 鸡粉少许
　　 黑胡椒碎适量

做法 ——————————————————————————————

 ❶ 将牛肉末放入容器中，倒入适量生抽，拌匀。

 ❷ 放入胡萝卜末、洋葱末、西芹末。

 ❸ 撒入适量盐、鸡粉、干淀粉。

 ❹ 淋入适量橄榄油。

 ❺ 撒入黑胡椒碎，拌匀，腌渍10分钟至其入味。

 ❻ 在洗净的香菇上撒适量盐。

 ❼ 淋入橄榄油，搅拌均匀。

 ❽ 撒上适量烧烤粉，拌匀，腌渍5分钟至其入味。

 ❾ 将腌好的香菇均匀地放入铺有锡纸的烤盘上。

 ❿ 把腌好的牛肉馅放在香菇上。

 ⓫ 将烤箱温度调成上火230℃、下火230℃。

 ⓬ 放入烤盘，烤10分钟至熟。

多彩牛肉串

材料 黄彩椒、红椒、青椒各30克，牛肉60克，蒜末10克

调料 盐3克，鸡粉2克，黄姜粉7克，料酒、胡椒粉、食用油各适量

做法

 ❶ 青椒去子切小块；红椒切小块；黄彩椒切小块；牛肉切小丁。

❷ 牛肉装入碗中，放入黄姜粉、蒜末、盐、鸡粉。

 ❸ 再加入料酒、胡椒粉，充分搅拌均匀。

  ❹ 用竹扦依次将三色辣椒与牛肉交叉串起。

 ❺ 烤盘内铺上锡纸，刷上食用油，放上牛肉串。

 ❻ 将烤盘放入烤箱中，温度调为210℃，定时烤15分钟即可。

烤西冷牛排

材料 西冷牛排200克
芝麻菜适量
圣女果适量

调料 盐3克
鸡精3克
橄榄油8毫升
黑胡椒碎适量

做法

❶ 将洗净的牛排两面撒上盐、鸡精和黑胡椒碎，淋上少许橄榄油，两面抹匀；腌渍30分钟至入味，待用。

❷ 将芝麻菜择洗干净，摆盘；圣女果洗净，对半切开，摆盘。

❸ 烤箱预热5分钟，将腌渍好的牛排放在烤箱的烤架上，用小火烤10分钟至汁水收干。

❹ 牛排翻面，烤8分钟至熟。

❺ 取出烤好的牛排，切成块放入盘中即可。

材料 羊肉丁180克
洋葱粒30克
白芝麻20克
调料 辣椒粉15克
盐3克
孜然粉少许
料酒4毫升
食用油适量
孜然粒12克

新疆羊肉串

做法

❶ 羊肉丁装碗，倒入洋葱粒，放入部分孜然粒和白芝麻拌匀，淋上料酒，加盐、孜然粉、辣椒粉、食用油拌匀，腌渍入味；将腌好的羊肉丁用竹扦穿好，制成羊肉串生坯。

❷ 烤盘铺上锡纸，刷食用油，放上羊肉串生坯，在羊肉串上刷上食用油，撒上余下的孜然粒和白芝麻，推入预热好的烤箱中，上下火调至200℃，烤约12分钟。

材料 羊柳200克

调料 蒙特利调料10克
法式黄芥末调味酱
10克
鸡粉3克
白胡椒3克
黑胡椒粒5克
橄榄油10毫升
食用油适量

法式烤羊柳

做法

❶ 羊柳切长块，装盘，放入法式黄芥末调味酱、鸡粉、白胡椒粉、蒙特利调料、黑胡椒粒抹匀，倒入橄榄油，腌渍约1小时，至其入味。

❷ 烤盘铺上锡纸，刷上适量食用油，放上腌好的羊柳，将烤盘放入烤箱。

❸ 将烤箱上下火调至250℃，烤25分钟至熟，将烤好的羊柳取出装盘即可。

蒜头烤羊肉

材料 羊肉200克，蒜头35克

调料 辣椒粉40克，盐1克，胡椒粉1克，生抽、料酒、芝麻油各5毫升，耗油5克

做法

❶ 将羊肉洗净，切丁。

❷ 取一个碗，放入羊肉丁，倒入蒜头。

❸ 碗中放入辣椒粉、盐、生抽、料酒、芝麻油、蚝油。

❹ 将碗中材料拌匀，腌渍10分钟至入味。

❺ 备好烤箱，取出烤盘，放上锡纸。

❻ 在锡银纸上刷上适量芝麻油。

❼ 均匀地放入腌好的羊肉丁，撒上胡椒粉。

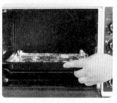
❽ 将烤盘放入烤箱，关上箱门。

❾ 上火调至200℃，选择"双管发热"，下火调至200℃，烤20分钟至熟。

❿ 打开箱门，取出烤盘，将烤好的羊肉丁装盘即可。

烤羊排

材料 羊排1000克
洋葱丝20克
西芹丝20克
蒜瓣5克
迷迭香10克

调料 盐8克
蒙特利调料10克
橄榄油30毫升
鸡粉3克
生抽10毫升
黑胡椒碎适量

做法

 ❶ 将羊排洗净切去前端的羊皮与肉。

 ❷ 将羊排骨头中间相连的肉切去。

 ❸ 在羊排上端部分沿着骨头切开，并砍去骨头。

 ❹ 将羊皮完全剔除，将羊排洗净，待用。

 ❺ 将蒜瓣、西芹丝、洋葱丝用手捏挤片刻，把迷迭香揪碎，放在羊排上。

 ❻ 加入适量黑胡椒碎，撒入适量盐、蒙特利调料。

 ❼ 倒入生抽、橄榄油、鸡粉，用手抹匀，腌渍6小时。

 ❽ 将腌好的羊排放入铺有锡纸的烤盘中。

 ❾ 将烤箱温度调成上下火250℃，把烤盘放入烤箱，烤15分钟。

 ❿ 取出烤盘，将羊排翻面。

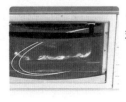 ⓫ 再将烤盘放入烤箱，续烤10分钟。

 ⓬ 取出烤盘，将羊排翻面，再放入烤箱，烤5分钟至熟。

材料 羊排250克
土豆80克
菠菜适量
香草适量

调料 盐3克
橄榄油适量
黑椒红酒汁适量
食用油适量

扒带骨羊排

做法

① 羊排洗净，切小块，加盐、香草、橄榄油拌匀，腌渍入味；菠菜洗净，焯水后摆盘；土豆去皮洗净，切小块，入锅加盐煮熟后捣成泥，铺在菠菜上。

② 锅中注油烧热，倒入羊排，煎至5分熟后取出，装入烤盘，将烤盘放入烤箱，温度调至250℃高温，烤5分钟后取出。

③ 将羊排放在土豆泥上，淋上黑椒红酒汁即可。

材料 羊排180克
迷迭香3克

调料 生粉3克
生抽3毫升
鸡粉2克
橄榄油适量
红酒30毫升
蒙特利牛排料5克

迷迭香烤羊排

做法

① 将处理好的羊排中放入蒙特利牛排料、鸡粉。

② 淋入橄榄油、红酒，加入迷迭香。

③ 再加入生粉、生抽，用手抓匀，腌渍半个小时，放入锡纸中包好。

④ 将烤箱调为上下火各170℃，放入羊排，烤制25分钟至熟即可。

材料 春鸡肉200克
芦笋适量
大蒜适量
高汤适量
调料 盐3克
胡椒粉适量
香料适量
柳橙汁适量

特色扒春鸡

做法 ————

❶ 春鸡肉切块；芦笋焯水至熟透；大蒜切末。

❷ 将盐、胡椒粉、香料涂抹于春鸡肉上，将腌好的春鸡肉放入烤盘。

❸ 将烤盘放进烤箱，温度调至200℃，烤8分钟，取出翻面，再烤6分钟，取出装盘；锅中倒入适量柳橙汁、高汤、大蒜末，煮成酱汁，淋在春鸡肉上，放上芦笋做装饰。

材料 鸡1只
　　　洋葱丝适量
　　　胡萝卜条适量
　　　西芹段适量
　　　西红柿块适量
调料 盐适量
　　　甜酱适量
　　　黑胡椒适量
　　　姜汁适量

盛装烤鸡

做法

❶ 将鸡处理干净，用盐、黑胡椒、姜汁腌渍。

❷ 切掉鸡头，用鸡脖上的皮包住切口，并用牙签将其固定，将鸡翅朝后放，将鸡腿掰开，鸡腿包上锡纸；将一部分洋葱丝和胡萝卜条放在烤盘底部，将鸡置于其上，再涂上适量甜酱，将烤盘放入烤箱，烤20分钟，烤至鸡熟透，取出装盘，放上适量西红柿块和西芹段做点缀。

粤式烤全鸡

材料 整鸡1只
洋葱丝40克
蒜头20克
葱段少许

调料 盐4克
鸡粉3克
五香粉2克
生抽8毫升
老抽4毫升
料酒5毫升
白胡椒粉2克
蚝油3克
蜂蜜25克

做法

❶ 处理好的鸡装碗，放入洋葱丝、葱段、蒜头。

❷ 加入盐、生抽、老抽，倒入料酒、五香粉。

❸ 放入白胡椒粉、鸡粉、蚝油、蜂蜜。

❹ 用手抓匀，腌渍3个小时至入味。

❺ 再将洋葱丝、葱段、蒜头塞进鸡肚子里。

❻ 用不锈钢烤架串起鸡，用固定夹将鸡夹住，待用。

❼ 烤箱预热好，打开烤箱门，将烤架放入烤箱。

❽ 关上烤箱门，将上火温度调为200℃。

❾ 功能开关上调至"转烧炉灯"。

❿ 档位开关上调至"双管发热"。

⓫ 将烤制时间定为40分钟。

⓬ 待40分钟后，打开烤箱门，将烤架取下来即可。

千层鸡肉

材料 去皮土豆185克，鸡胸肉220克，洋葱95克，奶酪碎65克

调料 盐、鸡粉各1克，胡椒粉4克，生抽、料酒、水淀粉各5毫升，食用油适量

做法

❶ 洋葱、去皮土豆洗净，切成丝。

❷ 鸡胸肉洗净切片，装碗，加入所有调料。

❸ 将碗中材料搅拌均匀，腌渍10分钟至鸡胸肉片入味。

❹ 备好烤箱，取出烤盘，刷上适量食用油。

❺ 倒入洋葱丝和适量土豆丝，铺匀。

❻ 放上适量腌好的鸡胸肉片，倒入适量奶酪碎。

❼ 放上剩余的土豆丝，再铺上剩余的鸡胸肉片，最后铺上剩余的奶酪碎。

❽ 将烤盘放入烤箱，上下火调至200℃，选择"双管发热"，烤30分钟。

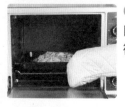

❾ 将烤熟的千层鸡肉取出，放置至稍微冷却。

❿ 将千层鸡肉切块，摆好盘即成。

墨西哥鸡肉卷

材料 蒜末30克
洋葱末60克
辣椒末60克
红色甜椒120克
黄色甜椒120克
香菜碎适量
鸡胸肉150克
芝士块75克

淡奶油200克
薄饼6张
玉米100克

调料 盐适量
胡椒粉适量
橄榄油适量
黑胡椒适量

做法

❶ 红、黄甜椒切成适宜入口的小段；鸡胸肉切成适宜入口的小块，备用。

❷ 倒少量橄榄油于煎锅中，放入鸡肉块以高温翻炒7～10分钟，放入盐与胡椒粉调味，放凉备用。

❸ 把一半的芝士块倒入大碗中，加入淡奶油与香菜拌匀，放入盐与黑胡椒调味。

❹ 煎锅中放入橄榄油烧热，加入洋葱末、蒜末、甜椒段、辣椒末与玉米，翻炒5～7分钟，加盐与黑胡椒调味搅拌。

❺ 把鸡肉与翻炒好的甜椒玉米倒入淡奶油混合酱汁中，搅匀，制成馅料。

❻ 把馅料平铺满薄饼表面，卷紧后放到烤盘上。当烤箱预热至160℃时，烤上10分钟即可。

烤百里香鸡肉饼

材料 鸡腿400克
洋葱20克
西芹20克
胡萝卜20克
百里香3克
鸡蛋1个
面粉20克

调料 生抽10毫升
盐3克
白胡椒粉3克
生粉30克
鸡粉5克
食用油适量

做法 ————————————————————

❶ 洋葱洗净，切出一部分，将其切成条，再切成碎末。

❷ 西芹洗净，切成条，再切成碎末。

❸ 胡萝卜洗净，切长块，改切成细条，再切成碎末。

❹ 洗净的鸡腿去骨，去皮，切成小块，剁成碎末，装碗备用。

❺ 百里香洗净，摘下叶子，放入鸡腿肉末中。

❻ 放入洋葱末、西芹末、胡萝卜末，加入所有调料和面粉，再倒入蛋白拌匀。

❼ 倒入蛋黄，搅拌均匀至呈糊状。

❽ 在烤盘铺上锡纸，刷上适量食用油。

❾ 将鸡腿肉糊倒在锡纸上，轻轻地摊开，呈饼状，备用。

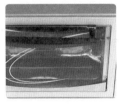

❿ 将烤盘放入烤箱，把上下火温度调至200℃，烤5分钟。

⓫ 取出烤盘，在鸡肉饼上刷少许食用油。

⓬ 将鸡肉饼翻面，再刷上少许食用油；再将烤盘放入烤箱，续烤5分钟至熟即可取出。

蔬菜烤鸡肉串

材料 口蘑6 颗
鸡肉250克
洋葱100克
黄甜椒100克

红甜椒100克
辣椒粉10克
调料 盐少许
胡椒粉少许

做法 ————————————

❶ 口蘑对半切开，鸡肉切成小块，加盐、辣椒粉拌匀；洋葱、青椒、红椒均切小块。

❷ 将青椒、红椒、洋葱、口蘑装入碗中，加入盐、黑胡椒粉，拌匀，腌渍一会儿。

❸ 将腌渍好的蔬菜与鸡肉自由组合穿成串，放入铺有锡箔纸的烤盘中。

❹ 再放入烤箱中，以上、下火180℃烤约10 分钟即可。

材料 鸡蛋液50克
面包糠90克
鸡脯肉180克

调料 盐、鸡粉各1克
料酒5毫升
生粉65克

烤箱版鸡米花

做法 ————

❶ 鸡脯肉洗净切块，装碗，加盐、鸡粉、料酒、适量鸡蛋液拌匀，腌渍10分钟至入味。

❷ 将鸡脯肉块均匀地沾上生粉，沾匀鸡蛋液，裹匀面包糠，放入烤盘。

❸ 将烤盘放入烤箱，上火调至230℃，功能选择"双管发热"，下火调至215℃，烤10分钟至鸡米花熟透，将鸡米花取出摆盘即可。

蜜汁鸡脯

材料 鸡脯肉500克，柠檬1/2个，莳萝草碎少许

调料 烧烤酱20克，黑胡椒碎10克，酱汁、清酒、盐、橄榄油、蜂蜜各适量

做法

1. 在鸡脯肉上划一字刀，装盘，放入烧烤酱、黑胡椒碎、酱汁、清酒、盐、橄榄油，腌渍15分钟至其入味。
2. 烤盘铺上锡纸，刷上橄榄油，放入腌好的鸡脯肉，刷上蜂蜜，撒入少许莳萝草碎。
3. 将烤盘放入烤箱，温度调至200℃，烤10分钟至鸡脯肉熟透。
4. 将烤好的鸡脯肉取出，摆好盘，挤上柠檬汁即成。

烤鸡脆骨

材料 鸡脆骨169克
洋葱37克

调料 孜然粉5克
辣椒粉5克
生抽3毫升
料酒适量
盐3克
食用油适量

做法

❶ 处理好的洋葱切成丝，待用。

❷ 鸡脆骨、孜然粉、辣椒粉装入碗中，加入生抽、料酒、盐拌匀。

❸ 烤盘里铺上锡纸，刷上食用油，撒上洋葱丝，倒入鸡脆骨，淋上食用油。

❹ 备好烤箱，放入烤盘，将温度调为190℃，烤制20分钟即可。

烤鸡肫串

材料 鸡肫200克

调料 盐3克，料酒5毫升，食用油适量，孜然粉、辣椒粉各10克

做法

❶ 鸡肫切块装碗，加盐、料酒、辣椒粉、孜然粉，腌渍20分钟。

❷ 将腌渍好的鸡肫用竹扦串起来，放入盘中待用。

❸ 往铺上锡纸的烤盘中刷上适量的食用油，摆放上鸡肫串。

❹ 备好一个电烤箱，打开箱门，放入烤盘。

❺ 关上箱门，将上下火温度调至230℃，烤制5分钟。

❻ 打开箱门，取出烤盘，将食材装盘即可。

奥尔良烤翅

材料 鸡翅175克
　　　生菜70克
　　　奥尔良腌肉料35克
调料 蜂蜜20克

做法

❶ 用剪刀将洗净的鸡翅两面分别剪上一道口。

❷ 鸡翅装碗，倒入奥尔良腌肉料、少许清水拌匀，腌渍5小时至入味。

❸ 烤盘刷上适量蜂蜜，整齐摆放上腌渍好的鸡翅。

❹ 烤盘放入烤箱，将上下火温度调至180℃，烤15分钟。

❺ 取出烤盘，刷上适量的蜂蜜，再放入烤箱中烤5分钟。

❻ 取出烤盘，将鸡翅翻面，刷上剩余的蜂蜜，续烤5分钟至熟；取一个空盘，摆放好洗净的生菜，放上烤好的鸡翅即可。

酱烤鸡翅

材料 鸡翅200克

调料 生抽5毫升，黑胡椒粉4克，盐、鸡粉各适量，白兰地10毫升，OK酱30克，孜然粉20克

做法

❶ 取一个盘子，倒入处理好的鸡翅，加入盐、鸡粉。

❷ 再放入孜然粉、OK酱，淋上生抽、白兰地。

❸ 撒上黑胡椒粉，抓匀，腌渍2小时至入味。

❹ 在烤盘内铺好锡纸，放入鸡翅，推入烤箱。

❺ 关上箱门，将上下火温度均调至160℃。

❻ 选择"双管发热"图标，定时30分钟即可。

麻辣烤翅

材料 鸡翅170克

调料 盐1克，鸡粉1克，花椒粉5克，生抽5毫升，食用油适量，辣椒粉40克，蜂蜜15克，蒜汁、姜汁各10毫升

做法 ——

 ❶ 洗净的鸡翅两面切上一字刀。

 ❷ 将鸡翅装碗，倒入蒜汁和姜汁。

 ❸ 加入盐、鸡粉、生抽、辣椒粉、花椒粉、食用油、蜂蜜。

 ❹ 拌匀腌渍20分钟至鸡翅完全入味。

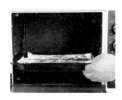 ❺ 放入烤箱，将上下火温度调至220℃，烤20分钟至熟透。

材料 鸡翅190克
　　干辣椒10克
调料 盐适量
　　鸡粉适量
　　料酒适量
　　生抽适量
　　胡椒粉适量
　　老抽适量
　　蜂蜜适量

烤箱鸡翅

做法

❶ 在洗净的鸡翅两面各切上一字刀花，装碗，加入干辣椒、盐、鸡粉、料酒、生抽、胡椒粉、老抽，腌渍20分钟至鸡翅入味。

❷ 将腌好的鸡翅放入烤盘中，刷上适量食用油，放入烤箱。

❸ 将烤箱上下火调至200℃，烤15分钟；取出烤盘，给鸡翅均匀地刷上适量蜂蜜，再放入烤箱，烤5分钟；取出烤盘，将鸡翅翻面，均匀地刷上剩余的蜂蜜，放入烤箱，烤5分钟至熟透入味。

美味烤鸡翅

材料 鸡翅500克，芹菜、洋葱各400克，香菜、青椒各100克，胡萝卜200克

调料 精盐25克，味精20克，白糖、料酒、蜂蜜水各适量

做法

❶ 芹菜洗净切粒；洋葱洗净切丝；香菜洗净切末；青椒洗净，去子切丝；胡萝卜洗净，切小块；将切好的食材与精盐、味精、白糖、料酒、蜂蜜水拌匀，制成调味汁；鸡翅洗净。

❷ 用备好的调味汁腌渍洗净的鸡翅。

❸ 将腌好的鸡翅拣出，放入烤盘，刷上蜂蜜水，将烤盘放入烤箱，烤箱温度调至160℃，烤20分钟，将烤好的鸡翅取出装盘即成。

蜜汁烤鸡腿

材料　鸡腿250克
　　　香叶适量

调料　生抽10毫升
　　　老抽3毫升
　　　盐2克
　　　鸡粉2克
　　　黑胡椒粉适量
　　　白胡椒粉适量
　　　芝麻油适量
　　　烤肉酱15克
　　　蜂蜜20克

做法

❶ 取一个大碗，放入鸡腿，加入盐、鸡粉、黑胡椒粉。

❷ 放入白胡椒粉，淋入适量生抽，加入老抽。

❸ 放入蜂蜜、烤肉酱，淋入芝麻油，抓匀，腌渍4个小时。

❹ 取一个小碗，倒入蜂蜜、烤肉酱，淋入生抽。

❺ 放入香叶，用勺子拌匀，淋入芝麻油，制成烤肉汁。

❻ 取烤盘，铺上锡纸，放入腌渍好的鸡腿，待用。

❼ 备好烤箱，放入装有鸡腿的烤盘。

❽ 关箱门，将上火温度调为160℃，下火温度调为150℃，烤5分钟。

❾ 打开箱门，鸡腿上刷上制好的烤肉汁，续烤5分钟。

❿ 开箱门，将鸡腿翻面，刷上烤肉汁，续烤5分钟。

⓫ 将箱门打开，再次刷上烤肉汁，烤10分钟至入味。

⓬ 取出烤盘，另取一盘，装饰上蔬菜，放入烤鸡腿；再摆放上少许装饰蔬菜即可。

孜然烤鸡腿

材料 鸡腿200克，蒜片10克

调料 橄榄油15毫升，盐3克，生抽、料酒各8毫升，黑胡椒碎3克，孜然粉、红胡椒粒各适量

做法

❶ 鸡腿洗净，装碗，将盐、生抽、料酒、黑胡椒碎、孜然粉、红胡椒粒均匀地抹在鸡腿上，淋上橄榄油，放上蒜片，拌匀，腌渍30分钟。

❷ 将烤箱温度调成上下火180℃预热，将腌渍好的鸡腿放入预热好的烤箱中，烤20分钟至鸡腿呈金黄色。

❸ 将烤好的鸡腿取出，摆好盘，撒上红胡椒粒即成。

酱汁烤鸭

材料 鸭半只，熟芝麻适量

调料 盐、糖、胡椒粉、甜面酱各适量

做法

❶ 锅置火上，放入适量盐、糖、胡椒粉、甜面酱，加入适量清水搅匀，煮成酱汁，备用。

❷ 鸭洗净，放入烤盘，把备好的酱汁均匀地刷在鸭身上。

❸ 将烤盘放入预热好的烤箱，温度调至120℃，烤15分钟；将鸭取出，再刷一层酱汁，放回烤箱续烤10分钟至熟；将烤好的鸭肉取出，切块，装盘，淋上酱汁，撒上熟芝麻即成。

烤箱鸭翅

材料 鸭翅170克

调料 烤肉粉40克，食用油适量

做法

❶ 沸水锅中倒入洗净的鸭翅，煮一会儿至去除血水和腥味，捞出沥干，装碗，倒入烤肉粉拌匀，腌渍20分钟至鸭翅入味。

❷ 烤盘刷上食用油，放上腌好的鸭翅，将烤盘放入烤箱，上下火调至200℃，选择"双管发热"功能，烤35分钟至六七成熟。

❸ 取出烤盘，将鸭翅翻面，再把烤盘放入烤箱，烤20分钟至鸭翅熟透入味，将烤好的鸭翅取出摆盘即成。

烤乳鸽

材料 乳鸽1只

调料 柱侯酱、芝麻酱、海鲜酱各10克，烧烤汁、生抽、橄榄油10各毫升

做法

❶ 将芝麻酱、柱侯酱、海鲜酱、烧烤汁放入洗净的乳鸽肚中。

❷ 在乳鸽表面均匀地刷上适量生抽，腌渍1小时至入味。

❸ 在铺有锡纸的烤盘上刷上适量橄榄油，放上乳鸽。

❹ 烤箱温度调成上下火250℃，放入烤盘烘烤5分钟。

❺ 取出烤盘，在乳鸽上刷适量生抽，续烤3分钟至上色。

❻ 取出烤盘，将乳鸽翻面，刷上适量橄榄油、生抽，续烤5分钟即成。

经典海鲜烤箱菜

Chapter 3

什锦烤鱼

材料 鲫鱼450克
土豆30克
胡萝卜30克
洋葱30克
香菜5克

调料 食用油适量
辣椒粉10克
烤肉酱30克

做法

❶ 洗净去皮的土豆对半切开，切片。

❷ 处理好的洋葱切成丝，待用。

❸ 洗净去皮的胡萝卜切成片。

❹ 宰杀好的鲫鱼对半切开，在鱼背上划上花刀。

❺ 碗中放入洋葱、土豆、胡萝卜、烤肉酱。

❻ 淋入适量食用油，充分搅拌匀。

❼ 鲫鱼装入碗中，放入烤肉酱、辣椒粉，拌匀腌渍片刻。

❽ 烤盘上铺好锡纸，刷上食用油，放入部分拌好的蔬菜。

❾ 把腌渍过的鲫鱼放上去，倒入剩余的蔬菜。

❿ 将烤盘放入预热好的烤箱。

⓫ 以上下火均为220℃，烤20分钟至熟。

⓬ 待时间到，打开烤箱门，取出烤盘，将烤好的鲫鱼装入盘中，撒上香菜。

鲜蔬柠香秋刀鱼

材料 南瓜200克
芦笋20克
柠檬30克
蒜末20克
秋刀鱼150克
口蘑50克

调料 盐3克
胡椒粉3克
料酒5毫升
食用油适量

做法 ————

❶ 洗净的柠檬、南瓜、口蘑切成片。

❷ 处理好的秋刀鱼切开。

❸ 往秋刀鱼两面抹盐，淋上料酒，撒上胡椒粉，腌渍20分钟。

❹ 将秋刀鱼铺放在备有锡纸的烤盘上，刷上一层食用油。

❺ 撒上蒜末，放上柠檬片。

❻ 将烤盘放入烤箱，以上下火均为220℃烤25分钟至熟。

❼ 沸水锅中加入盐，倒入口蘑、南瓜、芦笋煮至熟。

❽ 将煮好的食材捞出，放入盘中待用。

❾ 取出烤好的秋刀鱼，去掉柠檬，摆放在盘中，放上之前煮熟的蔬菜即可。

温馨小提示

喜欢鱼内脏的朋友可以保留鱼肝一起烤
制，别有一番风味。

材料 小黄花鱼300克
　　　香菜少许

调料 盐3克
　　　陈醋3毫升
　　　料酒3毫升
　　　食用油适量

烤小黄花鱼

做法

❶ 往处理好的小黄花鱼背上划上花刀。

❷ 将小黄花鱼装入碗中，放入盐、料酒，淋入陈醋，搅拌均匀，腌渍30分钟。

❸ 烤盘内铺上锡纸，刷上食用油，放入黄花鱼，再刷上食用油。

❹ 放入预热好的烤箱，以上下火均为200℃，烤20分钟至熟，取出，用香菜摆盘即可。

材料 鱿鱼须200克
洋葱35克
西芹55克
彩椒60克
姜末少许
蒜末少许

调料 盐2克
辣椒粉6克
花椒粉少许
孜然粉少许
白胡椒粉少许
料酒4毫升
食用油适量

烤鱿鱼须

做法 ———

❶ 洗净的鱿鱼须、西芹切段；洗净的彩椒、洋葱切丝，备用。

❷ 把切好的鱿鱼须装入碗中，撒上姜末、蒜末，加入盐、花椒粉，放入辣椒粉、白胡椒粉、孜然粉、料酒，拌匀，腌渍一会儿。

❸ 烤盘中铺好锡纸，刷上适量食用油，倒入洋葱、西芹和彩椒，放入腌渍好的材料，铺匀，推入预热好的烤箱，以上、下火均为200℃，烤20分钟。

烤鲤鱼

材料 黑鲤鱼380克
洋葱60克
大葱20克
干辣椒5克
姜片7克
蒜末7克
香菜碎适量

调料 盐3克
鸡粉3克
料酒6毫升
生抽3毫升
黑胡椒粉适量
孜然粉适量
食用油适量

做法

❶ 洗净的黑鲤鱼在鱼背上横刀片开;洗净的洋葱切成丝;洗净的大葱对半切开。

❷ 在备好的碗中放入鲤鱼、大葱、洋葱、姜片、干辣椒,加入盐、鸡粉、料酒、生抽、适量食用油,拌匀, 撒入黑胡椒粉、孜然粉、蒜末拌匀,腌渍30分钟。

❸ 在备好的烤盘上刷上一层食用油,放入腌渍好的鲤鱼。

❹ 将烤盘放入预热好的烤箱,以上下火均为220℃,烤25分钟至熟。

❺ 将烤好的菜肴装盘,放入香菜碎即可。

温馨小提示

鲤鱼带有一定的泥腥味,事先腌渍好,既可去除腥味,又可更入味。

烤鲫鱼

材料 鲫鱼320克
姜片20克
干辣椒15克
葱花少许

调料 盐1克
胡椒粉4克
料酒5毫升
食用油适量

做法

 ❶ 洗净的鲫鱼装盘,放上姜片和干辣椒。

 ❷ 往鱼身两面淋入料酒,撒上盐和适量胡椒粉。

 ❸ 抹匀,腌渍10分钟至入味。

 ❹ 取出烤盘,放上腌好的鲫鱼。

 ❺ 往鱼身两面刷上适量食用油。

 ❻ 将烤盘放入预热好的烤箱。

 ❼ 以上下火均为200℃,烤20分钟至六七成熟。

 ❽ 取出烤盘,将鲫鱼翻面。

 ❾ 重新放入烤箱,续烤约10分钟至八九成熟。

 ❿ 取出烤盘,再刷少许食用油。

 ⓫ 放上葱花,撒上适量胡椒粉。

 ⓬ 最后一次将烤盘放入烤箱中,关好箱门,继续烤5分钟至熟透入味即可。

材料 福寿鱼1条

调料 白胡椒粉5克
　　 烧烤粉5克
　　 辣椒粉5克
　　 盐3克
　　 芝麻油5毫升
　　 辣椒油5毫升
　　 烧烤汁5毫升
　　 孜然粒3克

锡烤福寿鱼

做法

❶ 将处理干净的福寿鱼切一字刀，装入盘中，备用。

❷ 在鱼身两面撒上盐、白胡椒粉、烧烤粉、辣椒粉，抹匀，淋入适量芝麻油、辣椒油、烧烤汁，撒入孜然粒，抹匀，腌渍30分钟至其入味。

❸ 把腌好的福寿鱼放在铺有锡纸的烤盘上，将烤箱温度调成上下火250℃，放入烤盘烤15分钟；取出烤盘，把福寿鱼翻面，放入烤箱续烤15分钟。

香烤鲅鱼

材料 鲅鱼200克，葱段、姜末、蒜末各7克，花椒粒2克

调料 盐3克，料酒3毫升，食用油适量，孜然粉1克

做法

 ❶ 在处理干净的鲅鱼两面打上网格花刀，再拦腰切成两段。

 ❷ 将鲅鱼放入备好的碗中，放入盐，倒入料酒。

 ❸ 放入花椒粒、姜末、葱段、蒜末、孜然粉，拌匀腌渍半个小时。

 ❹ 在备好的烤盘上铺上锡纸，刷上一层食用油。

 ❺ 放入腌渍好的鲅鱼，在鱼身上再刷上适量食用油。

 ❻ 将烤盘放入烤箱，以上下火均为230℃，烤20分钟至熟。

锡纸烤银鲳

材料 银鲳鱼262克
葱末5克
姜末5克

调料 盐3克
鸡粉3克
白糖5克
料酒3毫升
蚝油7克
食用油适量

做法

❶ 处理干净的银鲳鱼双侧均匀打上花刀。

❷ 在银鲳鱼两面撒上盐，抹匀。

❸ 倒入料酒、鸡粉、蚝油、白糖、葱末、姜末，拌匀，腌渍20分钟。

❹ 铺开锡纸，在锡纸上刷上一层食用油，放入腌渍好的银鲳鱼，包好锡纸。

❺ 将包好银鲳鱼的锡纸放入备好的烤盘中，推进预热好的烤箱，以上下火均为230℃，烤25分钟至熟。

❻ 取出烤好的银鲳鱼，装入盘中即可。

温馨小提示

烤制时间应视鱼肉的厚薄度而定，不宜过长，以免影响肉质的鲜嫩。

材料 带鱼400克
姜片5克
葱7克

调料 盐3克
白糖3克
料酒3毫升
生抽3毫升
老抽3毫升
食用油适量

葱香烤带鱼

做法

① 处理好的带鱼两面划上一字花刀。

② 带鱼装入碗中，再放入葱、姜片。

③ 倒入盐、白糖、料酒、生抽、老抽，拌匀，腌渍20分钟。

④ 在铺了锡纸的烤盘上刷上食用油，放入腌渍好的带鱼。

⑤ 将烤盘放入预热好的烤箱，以上火180℃、下火180℃，烤约18分钟至熟即可。

材料 三文鱼 300克

调料 盐2克
黑胡椒碎3克
辣椒粉8克
罗勒2克
牛至叶3克
百里香粉5克
食用油15毫升

香烤三文鱼

做法

① 三文鱼洗净，依次撒上盐、黑胡椒碎、百里香粉、牛至叶、辣椒粉抹匀，
静置 1 小时。

② 煎锅中倒入食用油，烧至四成热时，放入三文鱼，微煎以锁住水分。

③ 将煎好的三文鱼放入铺有锡纸的烤盘中。表面刷上食用油。

④ 将烤盘放入烤箱中层，以上、下火180℃烤 10 分钟即可。

烤三文鱼头

材料 三文鱼头2000克
洋葱50克
红彩椒30克
黄彩椒300克
香草料20克

调料 料酒3毫升
盐5克
食用油适量
辣椒粉30克

做法

❶ 洗净的黄彩椒、红彩椒、洋葱切条；处理好的三文鱼头对半切开，但不切断。

❷ 在三文鱼头上撒盐、料酒、香草料、辣椒粉，腌渍20分钟。

❸ 烤盘上铺上锡纸，刷上一层食用油，放入适量洋葱、黄彩椒、红彩椒。

❹ 扣上三文鱼头，再放入剩余的洋葱、黄彩椒、红彩椒，淋上适量食用油。

❺ 将烤盘放入预热好的烤箱，以上下火均为180℃，烤30分钟至熟即可。

温馨小提示

选用新鲜的三文鱼头，味道会更鲜甜。

生烤鳕鱼

材料 鳕鱼250克，熟白芝麻5克

调料 食用油适量，蒜蓉辣椒酱20克，辣椒粉8克，孜然粉5克

做法

❶ 处理好的鳕鱼摆放在铺好锡纸的烤盘上，待用。

❷ 将烤盘放入烤箱，以上下火均为150℃，烤10分钟。

❸ 待时间到，打开烤箱门，将烤盘取出。

❹ 鳕鱼两面刷上食用油、蒜蓉辣椒酱、辣椒粉、熟白芝麻、孜然粉。

❺ 打开烤箱门，把烤盘再次放入烤箱中。

❻ 关上箱门，以上下火均为150℃，烤5分钟即可。

材料 鲜虾3只
培根3片
玉米1根
杭椒3个
菠萝2大块
小番茄6个
柠檬半个

调料 蒜泥5克
盐2克
料酒10毫升

什锦烤串

做法

❶ 鲜虾洗净去除虾须和虾枪，用蒜泥、盐、料酒腌渍20分钟使其入味。

❷ 杭椒去掉老根和蒂，切成小段；将培根平铺，卷上辣椒，备用。

❸ 玉米切段；菠萝切小块；小番茄洗净；柠檬切小瓣，然后把准备好的材料穿成串。

❹ 将什锦串放在烤架上，放入预热好的烤箱中层，以200℃烤约15分钟。

椒盐烤虾

材料 对虾140 克

调料 盐2克
椒盐粉少许
辣椒粉6克
食用油适量

做法

❶ 洗净的对虾剪去虾须，取出虾线。

❷ 将对虾穿成串，放在盘中，刷上食用油，撒上食盐、椒盐粉、辣椒粉，腌渍一会儿，待用。

❸ 烤盘中铺好锡纸，刷上适量食用油，放入腌渍好的对虾。

❹ 关好箱门，将温度调为 200℃，烤约 15分钟即可。

蒜蓉迷迭香烤虾

材料 虾120克，迷迭香35克，蒜蓉 45克

调料 盐1克，黑胡椒粉5克，料酒5毫升，食用油适量

做法

❶ 洗净的虾用剪刀在背部剪开，取出虾线。

❷ 取一个空碗，倒入蒜蓉，放入迷迭香。

❸ 加入盐、黑胡椒粉、料酒、食用油，拌匀，制成调味酱。

❹ 烤盘放上锡纸，刷上适量食用油，放上虾，放入调味酱。

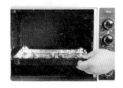

❺ 打开箱门，将烤盘推入预热好的烤箱。

❻ 关好箱门，将上下火温度均调至200℃，烤15分钟至虾熟透。

蒜蓉烤对虾

材料 对虾150克
蒜末适量
姜片适量
胡萝卜80克
西芹90克

调料 盐2克
白胡椒粉少许
蒸鱼豉油15毫升
食用油适量

做法 ————————————

 ❶ 将洗净的对虾切开，去除虾线。

 ❷ 洗好的西芹斜刀切成片。

 ❸ 洗净去皮的胡萝卜斜刀切段，再切菱形片。

 ❹ 锅中注入适量清水烧开，加入少许盐、食用油，略煮一会儿。

 ❺ 倒入切好的西芹，放入胡萝卜片，拌均匀。

 ❻ 煮一会儿，至食材断生后捞出，沥干水分，待用。

 ❼ 用油起锅，撒上姜片、蒜末，爆香，略炸片刻。

 ❽ 关火后盛出材料，装在小碗中。

 ❾ 再淋上蒸鱼豉油，放入少许盐，撒上白胡椒粉，拌匀，调成味汁，待用。

 ❿ 烤盘中铺好锡纸，刷上底油，倒入焯过水的材料，摊平。

 ⓫ 摆上切好的对虾，刷上味汁。

 ⓬ 将烤盘推入预热好的烤箱中，以上下火均为220℃，烤约10分钟至食材熟透。

蒜香芝士烤虾

材料 虾120克
青椒30克
红椒30克
蒜末10克
迷迭香5克
芝士片1片

调料 盐2克
橄榄油适量
沙拉酱10克
白酒30毫升
食用油适量

做法

❶ 洗净的青椒、红椒去子切粒；芝士片切成丝。

❷ 虾切去虾须，去除虾线，用刀背拍平，装碗，加入白酒，腌渍。

❸ 取一个碗，放入红椒、青椒、蒜末、迷迭香、沙拉酱、盐、橄榄油，拌匀，制成酱料。

❹ 烤盘里铺上锡纸，刷上食用油，放入虾，铺上酱料，撒入芝士丝；放入预热好的烤箱，以上下火均为200℃，烤10分钟至熟即可。

黄油烤明虾

材料 明虾100克
蒜蓉5克
迷迭香末5克
茴香草末适量
黄油15克

调料 盐3克
白胡椒粉3克
柠檬汁适量

做法

❶ 洗净的明虾切去虾须、虾脚、虾箭，去除虾线，稍微斩开头部。

❷ 在虾肉上撒适量盐、白胡椒粉，拌匀，滴少许柠檬汁，腌渍5分钟。

❸ 把迷迭香末、蒜蓉、茴香草末、盐倒入融化的黄油中，拌匀。

❹ 将烤箱温度调成上火220℃、下火220℃。

❺ 腌好的虾放入铺有锡纸的烤盘，放入烤箱，烤10分钟至金黄色。

❻ 取出烤盘，在虾肉上均匀地抹上拌好的黄油酱，继续烤5分钟至熟。

蒜蓉烤龙虾

材料 澳洲龙虾1只
黄油50克
百里香10克
蒜末30克

调料 盐2克
鸡粉1克
胡椒粉2克
黑胡椒粉2克
白兰地酒15毫升

做法 ——————————————————

 ❶ 往处理干净且对半切开的龙虾肉中撒入1克盐，放入胡椒粉，加入5毫升白兰地酒。

 ❷ 腌渍10分钟至去腥提味。

 ❸ 锅置火上，放入15克黄油，加热至微融。

 ❹ 放入腌好的龙虾，煎约1分钟至其变色。

 ❺ 加入10毫升白兰地酒，续煎半分钟至吸收酒香。

 ❻ 关火后将煎至半熟的龙虾装盘待用。

 ❼ 洗净的锅置火上，放入剩余的黄油，加热至微融。

 ❽ 掰下百里香叶子，放入锅中。

 ❾ 倒入蒜末，翻炒2分钟至香味飘出，中途可视情况再加入黄油增香。

 ❿ 加入1克盐，放入鸡粉、黑胡椒粉，炒匀调味。

 ⓫ 关火后将炒好的蒜末铺在半熟的龙虾上。

 ⓬ 放入烤箱，以上下火均为200℃，烤15分钟至熟。

芝士焗龙虾

材料 澳洲龙虾1只
芝士片2片
柠檬片2片
面粉20克
黄油40克

调料 盐1克
鸡粉1克
胡椒粉2克
白兰地酒20毫升

做法

 ❶ 龙虾肉装碗，挤入柠檬汁。

 ❷ 加入盐、鸡粉、胡椒粉，拌匀。

 ❸ 加入面粉，拌匀，腌渍10分钟至龙虾肉入味。

 ❹ 锅置火上，放入20克黄油，加热至微融。

 ❺ 放入龙虾头、龙虾壳，稍煎片刻。

 ❻ 倒入白兰地酒，将龙虾头、壳煎约半分钟至酒精挥发。

 ❼ 关火后将煎好的龙虾头、龙虾壳摆盘，待用。

 ❽ 洗净的锅置火上，放入剩余黄油，加热至微融。

 ❾ 放入腌好的龙虾肉，煎约半分钟至底部变色。

 ❿ 翻面，续煎半分钟至外观微黄。

 ⓫ 关火后将煎好的龙虾肉放入龙虾壳中，放上芝士片。

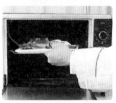 ⓬ 放入烤箱，以上下火均为200℃，烤10分钟至熟。

香辣蟹柳

材料 蟹柳150克

调料 辣椒油5毫升,辣椒粉、烧烤粉各5克,盐少许,孜然粉、食用油各适量

做法

❶ 将准备好的蟹柳放入铺有锡纸的烤盘中。

❷ 在蟹柳的表面刷上少许的食用油。

❸ 撒入适量盐、辣椒粉、烧烤粉、孜然粉。

❹ 再往蟹柳上刷上少量辣椒油。

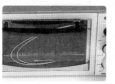
❺ 将烤箱温度调成上火220℃、下火220℃。

❻ 放入烤盘,烘烤5分钟至熟即可。

黄油焗烤螃蟹

材料 螃蟹300克，洋葱30克，蒜末7
克，黄油15克

调料 食用油适量

做法

❶ 洗净的洋葱切
丝；处理好的螃蟹
去掉腮，再对半切
开，待用。

❷ 热锅倒入黄
油，加热至融化，
倒入蒜末爆香。

❸ 倒入洋葱炒
香，将炒好的洋葱
盛入盘中，制成辅
料待用。

❹ 往铺上锡纸的
烤盘中刷上一层食
用油。

❺ 把螃蟹放入烤
盘，铺上炒好的洋
葱丝，待用。

❻ 将烤盘放入烤
箱，以上下火均为
200℃，烤15分钟
至熟即可。

双味生蚝

材料　生蚝2个
蒜末40克
芝士丁50克
培根丁60克
黄油40克
面粉10克

调料　白葡萄酒3毫升
盐3克
鸡粉3克
黑胡椒粉2克

做法 ————

❶ 取一碗，放入洗净的生蚝肉。

❷ 加入适量盐、鸡粉、白葡萄酒，充分拌匀，腌渍10分钟至入味。

❸ 往腌渍好的生蚝肉中加入面粉，充分拌匀，待用。

❹ 热锅放入20克的黄油，加热至黄油融化。

❺ 放入生蚝，煎至金黄色即可。

❻ 将煎好的生蚝放入生蚝壳中，待用。

❼ 另起锅烧热，倒入培根丁，炒香。

❽ 将炒好的培根丁盛出，铺放在第一个生蚝肉上，撒上30克芝士丁，待用。

❾ 继续往锅中倒入剩下的黄油，加热至其熔化。

❿ 加入蒜末爆香，撒上适量盐、鸡粉、黑胡椒粉炒匀；倒入剩下的芝士丁加热至融化。

⓫ 将炒好的食材盛出铺放在第二个生蚝肉上，待用。

⓬ 将两个生蚝放入预热好的烤箱，以上火200℃、下火180℃，烤10分钟至熟。

法式焗烤扇贝

材料 扇贝3个
面粉20克
奶酪碎40克
芹菜丁30克
洋葱碎30克
胡萝卜丁30克
蒜末少许
黄油40克

调料 盐1克
鸡粉1克
胡椒粉2克
橄榄油5毫升
白兰地酒少许

做法

❶ 将扇贝肉装碗，加入盐、鸡粉，放入胡椒粉。

❷ 加入面粉，翻拌匀，腌渍10分钟至入味。

❸ 热锅中注入橄榄油，烧热，放入腌好的扇贝肉。

❹ 煎约1分钟至底部微黄，翻面。

❺ 续煎约2分钟至两面焦黄，中途需翻面1~2次。

❻ 将煎至微熟的扇贝肉放入扇贝壳中，待用。

❼ 洗净的锅置火上，放入黄油、蒜末。

❽ 爆香片刻至黄油微微融化。

❾ 倒入芹菜丁、洋葱碎和胡萝卜丁。

❿ 翻炒约半分钟至食材微软，倒入白兰地酒，翻炒均匀，至香味浓郁。

⓫ 将炒好的香料均匀地放在煎好的扇贝肉上，接着均匀地撒上奶酪碎。

⓬ 放入烤箱，以上下火均为150℃，烤5分钟至熟。

葱蒜烤蛤蜊

材料 带壳蛤蜊500克，姜末、蒜末、葱花、红椒碎各7克

调料 食用油适量，盐少许，白酒20毫升，黑胡椒碎10克

做法

❶ 将洗好的蛤蜊放入铺好锡纸的烤盘中，淋上白酒。

❷ 将烤盘放入烤箱，以上下火均为230℃，烤15分钟。

❸ 取出烤盘，放入盐、黑胡椒碎、姜末、蒜末、红椒碎，淋上食用油。

❹ 将食材再放入烤箱续烤5分钟。

❺ 打开烤箱门，将烤好的食材取出。

❻ 放入备好的盘子中，撒上葱花。

材料　花甲600克
　　　蒜末20克

调料　盐3克
　　　食用油适量

蒜蓉烤花甲

做法 ————

❶ 往碗中放入蒜末，加入盐、食用油，拌匀，制成酱料。

❷ 将花甲放在铺了锡纸的烤盘上，放入烤箱，以上下火均为180℃，烤5分钟。

❸ 待时间到，将烤盘取出，往花甲上淋上适量的酱料。

❹ 打开箱门，再将烤盘放入其中，续烤2分钟即可。

蒜香烤带子

材料 豆豉20克，葱花5克，姜末、蒜末各10克，红椒碎15克，带子150克

调料 生抽、白糖、食用油各适量，柠檬汁20毫升

做法

❶ 热锅注油烧热，倒入姜末、蒜末，爆香。

❷ 倒入豆豉、红椒碎炒匀，加入生抽、白糖，炒匀。

❸ 将炒好的食材盛入碗中，再倒入柠檬汁，拌匀，制成酱料。

❹ 往铺上一层锡纸的烤盘上刷上一层食用油。

❺ 将带子放在锡纸上，往每个带子中放上适量的酱料，将烤盘放入烤箱。

❻ 以上下火均为200℃，烤10分钟至熟；取出，撒上葱花，装盘即可。

葡式烤青口

材料 青口6个，蛋黄1
个，黄油适量

调料 白醋5毫升，盐、
白胡椒粉各3克，
青柠檬汁少许，
橄榄油适量

做法

 ❶ 将蛋黄倒入碗中，加入适量白醋、黄油，拌匀。

❷ 撒入盐、白胡椒粉，倒入白醋、橄榄油，制成葡式酱。

 ❸ 用刀将洗净的青口打开，取出青口肉，装入碗中。

 ❹ 加入盐、白胡椒粉、青柠檬汁，拌匀，腌渍5分钟至入味。

 ❺ 将青口壳摆在烤盘上，放入腌好的青口肉，倒入适量葡式酱。

 ❻ 将烤箱温度调成上下火250℃，把烤盘放入烤箱，烤8分钟至熟即可。

清爽蔬果烤箱菜

Chapter 4

材料 胡萝卜1根
小土豆4个
甜菜根半个
青辣椒2个
蒜4瓣
调料 盐适量
黑胡椒适量
橄榄油适量

缤纷烤蔬

做法

❶ 把胡萝卜切成3厘米长的条；小土豆对半切开；青辣椒对半切开后去子；
蒜瓣切末；甜菜根切小块，备用。

❷ 烤箱预热至190℃，把所有切好的蔬菜放入烤盘，撒上蒜末、盐和黑胡
椒，淋上橄榄油。

❸ 放入烤箱烤40分钟，至蔬菜变软，但仍保留原口感即可。

烤蔬菜卷

材料 小葱25克，香菜30克，豆皮170克，生菜160克

调料 盐2克，生抽5毫升，孜然粉5克，辣椒粉15克，泰式辣椒酱25克，食用油适量

做法

 ❶ 洗净的豆皮修齐成正方形；生菜切丝；小葱、香菜切段。

 ❷ 碗中加入泰式辣椒酱、辣椒粉、孜然粉、盐、生抽制成调味酱。

 ❸ 豆皮刷上一层调味酱，放上小葱段、香菜段、生菜丝。

 ❹ 将豆皮卷成卷，依次穿在竹扦上。

 ❺ 将豆皮两面分别刷上调味酱，放在烤盘中再放入烤箱。

 ❻ 关好箱门，上下火温度调至150℃，烤20分钟至熟。

蔬菜塔

材料 薄切土豆片250克
西葫芦150克
胡萝卜150克
黄甜椒150克
红辣椒1根
黄油适量

调料 盐少许
黑胡椒少许
橄榄油适量

做法 ────

❶ 在烤盘上刷上少许橄榄油，铺上薄切土豆片，撒上黑胡椒和盐，淋上橄榄油，放入预热好的烤箱以200℃烤25分钟。

❷ 西葫芦、胡萝卜、黄甜椒、红辣椒切丁备用。

❸ 把所有蔬菜放入沸水中氽烫片刻后捞出沥干备用。

❹ 平底锅烧热，放入黄油，至黄油融化时加入所有蔬菜。

❺ 加入盐和黑胡椒翻搅片刻，装入烤好的土豆塔中即可。

香草烤薯角胡萝卜

材料 土豆1个
胡萝卜1个
意式香草适量

调料 橄榄油1勺
盐2克
黑胡椒2克

做法 ————————

1. 将土豆及胡萝卜洗净，若小土豆可不去皮，切成滚刀三角小块，胡萝卜切块，把土豆和胡萝卜放入开水中煮3～5分钟。
2. 将橄榄油、黑胡椒、盐、意式香草搅拌均匀，倒入煮好的土豆块和胡萝卜块中，拌匀。
3. 烤盘中放烘焙纸，将拌好的材料均匀平铺在烘焙纸上，注意不要有重叠。
4. 烤箱提前预热至200℃，将烤盘放入中层，烤25～35分钟，烤至熟透即可。

烤藕片

材料 去皮莲藕1节　　　　　　五香粉少许
　　　洋葱半个　　　　　　　　白糖适量
　　　蒜6瓣　　　　　　　　　盐适量
　　　香菜适量　　　　　　　　食用油适量
　　　熟白芝麻适量　　　　　　鸡精适量
　　　啤酒适量　　　　　　　　辣椒粉少许
调料 椒盐粉少许　　　　　　　孜然粉少许
　　　白胡椒粉少许

做法 ————————————————————

❶ 把莲藕切薄片，浸泡于凉水中。

❷ 把洋葱、蒜切末；香菜切碎备用。

❸ 用开水煮藕片半分钟，捞起后于凉水中浸泡。

❹ 把椒盐粉、白胡椒粉、五香粉、白糖、辣椒粉、孜然粉和盐混合，制成调料粉。

❺ 锅里加食用油，放入洋葱末、蒜末爆香后加入混合调料粉，炒香后，再倒入啤酒，然后关火，加鸡精。

❻ 把藕片放进锅里，与锅内食材搅拌至均匀。

❼ 放入预热至170℃的烤箱，烤5分钟后取出，将藕片翻面，撒上白芝麻，再烤5分钟，烤好后取出装盘撒上香菜即可。

烤小米酿西葫芦

材料 小米25克
蔬菜高汤90毫升
松子40克
葡萄干25克
西葫芦2个
豆腐125克
香菜叶碎适量

调料 黄豆酱10克
甜椒酱125克
盐适量
胡椒粉适量
辣椒粉适量
孜然粉适量

做法 ————————

① 小米放入锅中，加入香菜叶和孜然粉，倒入蔬菜高汤，煮至沸腾后转小火，再煮15分钟后捞出小米，沥干水分。

② 小米倒入平底锅中，以低温炒至金黄色。

③ 豆腐切成小块；西葫芦对半切开，挖出西葫芦肉切碎备用。

④ 把西葫芦肉、豆腐块、小米、松子、葡萄干混合搅拌，加入盐和胡椒粉调味混合成馅。

⑤ 把西葫芦瓜皮置于烤盘上，填入混合馅。

⑥ 把黄豆酱、甜椒酱和辣椒粉混合，淋在西葫芦上。

⑦ 放入预热至180℃的烤箱，烤10分钟即可。

材料 芝士片2片
玉米180克

芝士烤玉米

做法 ————————

1 台面铺上锡纸，放上芝士片、玉米，用锡纸将食材卷起来，待用。

2 备好一个烤箱，打开箱门，将食材放在烤架上。

3 关上箱门，将上下管温度调至180℃，时间设置为20分钟，开始烤制食材。

4 开箱门，取出食材装盘，冷却后将锡纸拆开即可。

奶酪嫩烤芦笋

材料 芦笋150克，奶酪60克

调料 盐4克，食用油适量

做法

❶ 洗净的芦笋去皮，切成长段；备好的奶酪切成条，切小块。

❷ 锅中倒入适量清水，放入盐，拌匀煮开。

❸ 倒入芦笋，淋入食用油，拌匀，续煮约4分钟至熟透。

❹ 捞出煮好的芦笋，装入盘中。

❺ 将奶酪块撒在芦笋上，装入烤箱。

❻ 将上火温度调至180℃，下火温度调至120℃，烤20分钟即可。

时蔬烤彩椒

材料 黄彩椒70克
去皮胡萝卜30克
黄瓜30克
香菇30克
去皮冬笋50克
香菜5克

调料 盐3克
鸡粉3克
黑胡椒粉3克
食用油适量
沙拉酱适量

做法

❶ 洗净的黄彩椒对半切开，去子。

❷ 洗净的黄瓜对半切开，切片，切条，改切成丁。

❸ 处理好的冬笋切厚片，改切成丁。

❹ 洗净的香菇去柄，切条，改切成丁。

❺ 胡萝卜对半切开，改切成丁。

❻ 沸水锅中倒入冬笋、香菇、胡萝卜，煮至断生。

❼ 将煮好的食材捞出放入碗中待用。

❽ 倒入黄瓜、盐、鸡粉、黑胡椒粉、食用油，拌匀。

❾ 备好一个烤盘，放入黄彩椒。

❿ 将拌匀入味的食材取适量倒入黄彩椒里面。

⓫ 备好一个烤箱，放入烤盘。将烤箱温度调至80℃，时间调至10分钟，开始烤制。

⓬ 取出烤好的食材装盘，挤上沙拉酱，放上香菜即可。

材料 菜花100克
蒜蓉7克
黄油20克
面包糠50克

调料 盐3克
黑胡椒粉3克

蒜香烤菜花

做法 ————

❶ 菜花切小朵，放入铺好锡纸的烤盘上。

❷ 放入黄油、盐、黑胡椒粉、蒜蓉、面包糠，搅拌一会儿。

❸ 备好电烤箱，放入烤盘。

❹ 关闭烤箱门，将上下管温度调为160℃，时间调为20分钟烘烤即可。

材料 土豆2个
　　　黄瓜丝180克
　　　嫩胡萝卜丝150克
　　　大葱圈30克
　　　罗勒叶适量
调料 盐少许
　　　黑胡椒少许
　　　沙拉酱300克

黄瓜沙拉烤土豆

做法 —————

❶ 将土豆分别包在锡纸中，放入预热至200℃的烤箱中烤1小时。

❷ 等待的同时，把一半胡萝卜丝、一半黄瓜丝和部分罗勒叶切成末，加入大葱圈、沙拉酱、盐、黑胡椒拌匀。

❸ 将土豆从锡纸中取出，纵向切出一条缝隙后，填入混合好的食材，放上剩余的胡萝卜丝和黄瓜丝以及罗勒叶点缀即可。

奥尔良烤土豆

材料 土豆200克
　　　胡萝卜30克
　　　西芹10克
　　　培根12克
　　　洋葱20克

调料 盐3克
　　　白糖5克
　　　奥尔良烤翅酱2克
　　　食用油适量

做法

❶ 洗净的胡萝卜、西芹、洋葱切碎；培根切粒。

❷ 奶锅中注入适量的清水，大火烧热。

❸ 倒入土豆，加入盐、白糖，拌匀。

❹ 加盖，大火煮开后转小火煮20分钟。

❺ 揭盖，将煮熟的土豆捞出，沥干。

❻ 热锅注油烧热，倒入培根，翻炒香。

❼ 再倒入西芹、洋葱、胡萝卜，翻炒均匀。

❽ 加入少许奥尔良烤翅酱，翻炒片刻至入味。

❾ 将炒好的食材盛出，待用。

❿ 将煮熟的土豆用小刀对半切开，放在锡纸上。

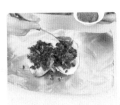
⓫ 把炒好的食材放在土豆上，放上奥尔良烤翅酱。

⓬ 将土豆放入烤盘中，装入烤箱，将上下火温度调至150℃，烤10分钟即可。

黑椒土豆泥

材料 土豆100克
芝士片1片
火腿40克
牛奶200毫升

调料 盐2克
黑胡椒适量

做法

① 洗净去皮的土豆对半切开，切成片；备好的火腿切粒。

② 电蒸锅注水烧开，放入切好的土豆片。

③ 盖上锅盖，调转旋钮定时蒸15分钟；待时间到揭开盖，将土豆取出。

④ 将土豆放入保鲜袋内，用擀面杖压成泥。

⑤ 将土豆泥装入碗中，放入盐、黑胡椒，再放入火腿、牛奶，搅拌均匀。

⑥ 装入另外备好的碗中，铺上芝士片，放在烤盘上，推入烤箱。

⑦ 关上门，上火调200℃，选定"双管加热"功能，下火调200℃，定时烤
20分钟即可。

温馨小提示

切好的土豆可浸泡在冷水中片刻，这样味
道会更好。

材料 土豆250克
罗勒5克
意大利综合香料5克
迷迭香3克
调料 盐适量
黑胡椒适量
葡萄籽油适量

香烤土豆

做法

❶ 将土豆用清水洗净后，切成块。锅中放入适量的清水，用大火煮沸，放入
土豆块用中火煮至土豆块熟透。

❷ 将煮熟的土豆装入备好的盘中，撒上罗勒、意大利综合香料、迷迭香、
盐、黑胡椒、葡萄籽油拌匀，腌渍20分钟。

❸ 将腌渍入味的土豆放入烤箱，温度调至160℃，烤约20分钟，取出装盘。

材料 去皮土豆180克
　　　干辣椒10克
　　　葱段少许
　　　花椒少许
调料 盐1克
　　　鸡粉1克
　　　孜然粉5克
　　　生抽5毫升
　　　食用油适量

烤土豆条

做法

❶ 土豆洗净，切成条。

❷ 用油起锅，倒入花椒、干辣椒、葱段爆香，倒入土豆条炒匀，加生抽、盐、鸡粉、孜然粉，注入清水，炒2分钟至入味，将炒好的土豆装入烤盘中，待用。

❸ 备好烤箱，放入烤盘，上、下火温度均调至200℃，烤5分钟至土豆熟透。

烤南瓜

材料 南瓜200克，黄油50克

调料 玉桂粉3克，盐2克，食用油适量

做法

❶ 将洗净的南瓜切成扇形，去瓤。

❷ 在切好的南瓜上均匀地抹上少许盐。

❸ 将溶化的黄油放入南瓜中，倒入适量玉桂粉抹匀，腌渍至入味。

❹ 在铺有锡纸的烤盘上刷适量食用油，将南瓜放入烤盘。

❺ 把烤箱温度调成上火250℃、下火250℃，将烤盘放入烤箱，烤20分钟至熟，将烤好的南瓜取出装盘即可。

烤韭菜

材料 韭菜90克

调料 盐、孜然粉各2克，辣椒粉、
椒盐粉各5克，食用油适量

做法

❶ 用竹扦将韭菜从根部串起来。

❷ 烤盘中放上锡纸，放入串好的韭菜，两面分别刷上适量食用油，撒
上椒盐粉、盐、孜然粉、辣椒粉。

❸ 取烤箱，放入烤盘，关好箱门，将上火温度调至180℃，选择"双管
发热"功能，再将下火温度调至180℃，烤5分钟。

❹ 打开箱门，取出烤盘，将烤好的韭菜装盘即可。

焗烤卷心菜

材料 土豆200克　　　　　　　鸡蛋2个
卷心菜150克　　　　　　蒜末
洋葱末适量　　　调料 橄榄油适量
面包糠30克　　　　　　盐适量
意式香草碎适量　　　　　黑胡椒适量
淡奶油90克

做法 ——————————————————

❶ 把洗净的土豆放入沸水中煮熟，捞出放凉备用；卷心菜切丝。

❷ 平底锅放油烧热，放入洋葱和蒜末炒软，加入卷心菜丝，撒入盐和黑胡椒调味后搅拌盛碗备用。

❸ 把鸡蛋打入淡奶油中搅拌，加入炒好的卷心菜。

❹ 土豆去皮切片，铺在刷过底油的烤箱模具中，再铺上卷心菜糊，撒上面包糠，放入预热好的烤箱，以上下火温度195℃烤35分钟后取出，撒上意式香草碎即可。

烤红薯

材料 红薯2个

做法

1. 将红薯洗净，放入烤盘。
2. 打开箱门，将烤盘放入烤箱中。
3. 关好箱门，将上火温度调至200℃，选择"双管发热"功能，再将下火温度调至180℃，烤1小时至红薯熟软。
4. 打开箱门，取出烤盘，将烤好的红薯摆好盘即可。

芝士焗红薯

材料 红薯150克
芝士片1片
黄油20克
牛奶50毫升

做法

❶ 洗净的红薯均匀地切成片，放在一旁待用。

❷ 蒸锅注适量清水烧开，放入切好的红薯。

❸ 盖上锅盖，调转旋钮定时蒸15分钟；待时间到掀开盖，将红薯取出。

❹ 将红薯装入保鲜袋，用擀面杖将红薯压成泥。

❺ 将制好的红薯泥装入碗中，放入黄油、牛奶，拌匀。

❻ 铺上备好的芝士片，放入烤盘，推入烤箱。

❼ 关上箱门，上火温度调至160℃，选定"双管加热"功能，下火温度调至160℃，定时10分钟即可。

温馨小提示

红薯装入保鲜袋压成泥的时候，要注意红薯最后的颗粒不能太大。

烤酿西红柿

材料 熟米饭80克
西红柿150克
圆椒30克
去皮胡萝卜40克
培根40克

调料 盐3克
黑胡椒粉3克
食用油适量

做法

❶ 洗净的圆椒切丁；培根切丁；胡萝卜切丁。

❷ 洗净的西红柿去蒂，底部切去部分，掏空果肉，做成西红柿盅。

❸ 热锅注油，放入胡萝卜炒香；倒入培根、圆椒、熟米饭，炒匀。

❹ 加入盐、黑胡椒粉，翻炒均匀至入味。

❺ 将炒好的米饭放入西红柿盅里面待用。

❻ 备好一个烤盘，将西红柿盅摆放在烤盘上。

❼ 电烤箱备好，打开箱门，放入烤盘；关箱门，上下管温度设置为180℃，时间设为8分钟，待烤熟即可。

温馨小提示

西红柿要选择表皮质地较硬的，这样在烤制的时候可以保持其形状不变。

培根南瓜卷

材料 南瓜半个
培根6片
意式香草碎少许

调料 蜂蜜适量

做法 ————————————————————————

❶ 预热烤箱至180℃；把洗净的南瓜去瓤，切成6块。

❷ 将培根绕着南瓜卷起。

❸ 把卷好的南瓜放到铺了锡纸的烤盘上，刷上蜂蜜，撒上意式香草碎。

❹ 放入烤箱烤20分钟即可。

芝士焗南瓜

材料 南瓜200克
玉米粒50克
淡奶油40克
马苏里拉芝士碎少许
新鲜香草碎少许

调料 盐2克

做法 ————

① 预热烤箱至180℃；把南瓜洗净去瓤，切成小块。

② 把南瓜块放入蒸锅，蒸5分钟。

③ 把半熟的南瓜块与玉米粒放入烤箱容器。

④ 淋上加盐的淡奶油，撒上马苏里拉芝士碎和新鲜香草碎。

⑤ 放入烤箱烤20分钟即可。

材料 香菇6个
奶酪方块6个
意式香草碎少许
调料 盐少许
黑胡椒少许
橄榄油少许

奶酪烤香菇

做法

1 香菇去蒂头。

2 烤盘刷油，将蘑菇头朝下放置在烤盘上，撒上少许盐。

3 烤箱预热至190℃，放入蘑菇烤5分钟。

4 拿出烤好的蘑菇，在蘑菇上面放奶酪块，撒上意式香草碎，再放进烤箱烤5分钟；取出，撒上少许盐、黑胡椒即可。

烤香菇

材料 香菇120克，蒜末少许

调料 盐1克，黑胡椒粉5克，食用油适量

做法

❶ 洗好的香菇切上十字花刀。

❷ 将切好花刀的香菇放入烤盘，在香菇上放入少许蒜末，用刷子给香菇刷上适量食用油，撒上盐、黑胡椒粉。

❸ 打开箱门，放入烤盘，关好箱门，将上火温度调至220℃，选择"双管发热"功能，再将下火温度调至220℃，烤15分钟至香菇熟透入味，打开箱门，取出烤盘，将烤好的香菇装盘即可。

烤金针菇

材料　金针菇100克，蒜末、葱花、红椒粒各少许

调料　盐2克，孜然粉5克，生抽5毫升，蚝油、食用油各适量

做法 ————

❶ 洗净的金针菇切去根部，再用手掰散。

❷ 取一碗，放入金针菇、葱花、蒜末，加盐、生抽、蚝油、食用油、孜然粉拌匀。

❸ 烤盘中铺上锡纸，刷上食用油，放入金针菇，铺匀。

❹ 将烤盘放入烤箱，上火温度调至150℃，选择"双管发热"功能，再将下火温度调至150℃，烤15分钟至金针菇熟。

❺ 取出烤盘，将烤好的金针菇装盘，最后撒上红椒粒即可。

烤杏鲍菇

材料 杏鲍菇130克

调料 烧烤料15克，盐2克，生抽5毫升，食用油适量

做法

❶ 洗净的杏鲍菇切片。

❷ 取一碗，放入杏鲍菇片，加烧烤料、食用油、盐、生抽，拌匀待用。

❸ 烤盘中刷上一层食用油，放入杏鲍菇片。

❹ 将烤盘放入烤箱，上火温度调至180℃，选择"双管发热"功能，再将下火温度调至180℃，烤10分钟至杏鲍菇熟透。

❺ 取出烤盘，将烤好的杏鲍菇装盘即可。

烤口蘑

材料 口蘑260克

调料 盐、黑胡椒粉各少许

做法

❶ 将洗净的口蘑切去菌柄，放入烤盘中，摆放整齐。

❷ 将烤盘放入预热好的烤箱，上火温度调至180℃，选择"双管发热"功能，再将下火温度调至180℃，烤约15分钟至食材熟透。

❸ 取出烤盘，待稍微冷却后，将菜肴盛入盘中，撒上少许盐、黑胡椒粉即成。

材料 苹果1个
调料 盐适量

苹果干

做法

① 把苹果切成薄片，放入加了盐的水中浸泡片刻。

② 把苹果片平铺在烤盘上。

③ 放入预热好的烤箱，以180℃烤22分钟即可。

秘制菠萝

材料 新鲜菠萝1个

调料 糖水适量

做法 ————————————————

① 将菠萝去皮，用清水洗净，再切成片状。

② 在烤盘内铺上一层锡纸，放入菠萝片。

③ 慢慢地淋入适量的糖水，用手轻轻抹匀。

④ 烤箱以180℃预热好，将烤盘放入烤箱，烤约10分钟至水分收干。

⑤ 从烤箱中取出烤盘，待凉即可食用。

材料 牛油果50克
　　　鸡蛋黄20克
　　　葱花5克

调料 盐3克
　　　黑胡椒粉3克
　　　食用油适量

黑椒烤牛油果

做法

❶ 洗净的牛油果对半切开，去核。

❷ 将鸡蛋黄倒入牛油果中，撒上盐、黑胡椒粉，刷上食用油，撒上葱花。

❸ 用备好的锡纸包好牛油果，放在烤盘里。

❹ 备好烤箱，打开箱门，放入烤盘，将上下管调至200℃，烤制5分钟。

❺ 开箱门，取出食材装盘，用牙签划破锡纸，待凉即可食用。

浓情烤主食小吃

Chapter 5

茄子焗饭

材料 米饭200克
　　 茄子220克
　　 胡萝卜30克
　　 黄彩椒20克
　　 红彩椒20克
　　 口蘑20克
　　 洋葱碎10克
　　 牛肉末80克
　　 奶酪适量

调料 盐2克
　　 鸡粉2克
　　 黑胡椒少许
　　 橄榄油少许
　　 辣椒汁少许
　　 食用油适量
　　 黄油适量

做法

❶ 洗净的茄子对半切开，取瓤切丁；洗净的口蘑去蒂切小块，待用。

❷ 洗净去皮的胡萝卜切粒；洗净去子的红彩椒切粒；黄彩椒切小块。

❸ 热锅注油烧热，放入茄盒，炸至软，捞出，沥干油分，待用。

❹ 锅中倒入黄油、橄榄油，烧至融化，放入洋葱碎，翻炒至透明状。

❺ 加入牛肉末、口蘑块、胡萝卜粒、茄子丁，翻炒均匀。

❻ 加入盐、鸡粉，炒匀，撒入黑胡椒，倒入辣椒汁，翻炒均匀，放入彩椒粒和米饭，翻炒出香味。

❼ 将炒好的米饭盛出装入茄盒中，摆放上奶酪。

❽ 放入预热好的烤箱，以上火200℃、下火150℃烤10分钟即可。

番茄酱鸡肉浓情焗饭

材料 鸡胸肉70克
冷米饭160克
胡萝卜50克
土豆100克
红椒35克
青椒30克
西红柿120克
洋葱60克
芝士粉适量

调料 盐3克
鸡粉2克
料酒3毫升
生抽4毫升
水淀粉适量
食用油适量
番茄酱25克

做法

❶ 洗净去皮的土豆、胡萝卜、西红柿切成丁。

❷ 洗净的红椒、青椒、洋葱、鸡胸肉切丝。

❸ 把鸡肉丝装入碗中，加入少许盐、鸡粉，淋入料酒。

❹ 倒入水淀粉，注入适量食用油，拌匀，腌渍一会儿，待用。

❺ 起油锅，倒入腌好的鸡肉丝，炒至鸡肉转色。

❻ 放入土豆丁、胡萝卜丁，炒匀炒透。

❼ 加入番茄酱，炒出香味，倒入切好的西红柿，炒匀至其变软。

❽ 倒入洋葱丝，炒散，淋上生抽，炒匀炒香。

❾ 注入适量清水，搅匀，加入盐、鸡粉，炒匀调味，关火后待用。

❿ 烤盘中铺好锡纸，刷上适量食用油，倒入冷米饭，铺开、摊平。

⓫ 盛入锅中的材料，撒上芝士粉，放入青、红椒丝，摆好造型。

⓬ 将烤盘推入预热好的烤箱，以上下火均为200℃，烤15分钟至熟。

芝士猪扒饭

材料 口蘑60克
猪瘦肉100克
芝士片1片
面粉10克
洋葱60克
米饭200克
黄油10克

调料 盐3克
鸡粉3克
黑胡椒粉3克
橄榄油少许
番茄酱适量
鸡汁适量
水淀粉少许
生抽少许
白糖少许
干淀粉10克

做法

❶ 口蘑切片；洗净的洋葱切丁。

❷ 用扒锤把猪肉打平整，使肉质松软。

❸ 取一碗，放入猪肉，加入盐、鸡粉、黑胡椒粉、橄榄油、生抽。

❹ 加入面粉、干淀粉，充分拌匀，腌渍2个小时。

❺ 热锅中注入适量的橄榄油，烧热，放上猪扒。

❻ 将其煎至七分熟，至两面变成焦黄色，装盘中凉凉。

❼ 将猪扒切成粗条，铺放在米饭上。

❽ 另起锅放入黄油，加热至熔化。

❾ 倒入洋葱、口蘑，炒香。

❿ 注入适量的清水，挤入适量番茄酱，加入盐、白糖、鸡汁炒匀，倒入水淀粉收汁。

⓫ 关火后，将菜肴盛出浇在米饭上，铺上芝士片待用。

⓬ 放入预热好的烤箱，以上下火均为200℃，烤10分钟即可。

番茄酱海鲜饭

材料 米饭170克
    鱿鱼85克
    煮熟的蛤蜊120克
    虾仁80克
    西红柿110克
    芝士碎25克
    蒜末少许

调料 盐1克
    鸡粉1克
    食用油适量
    番茄酱40克

做法

❶ 洗净的鱿鱼切圈，待用。

❷ 洗净的虾仁背部切开，取出虾线，装盘待用。

❸ 洗好的西红柿切块，待用。

❹ 用油起锅，倒入蒜末，爆香。

❺ 放入处理干净的虾仁，炒匀。

❻ 倒入切好的鱿鱼，放入煮熟的蛤蜊，炒香、炒均匀。

❼ 放入切好的西红柿，炒匀，加入番茄酱翻炒均匀。

❽ 倒入米饭，压散，翻炒约1分钟至食材微熟。

❾ 加入盐、鸡粉，炒匀调味。

❿ 关火，盛出炒好的海鲜饭，待用。

⓫ 烤盘放上锡纸，均匀放上海鲜饭，撒上芝士碎。

⓬ 将烤盘放入预热好的烤箱中下层，关好箱门，以上火180℃，烤15分钟即可。

烤五彩饭团

材料 冷米饭140克
黄彩椒丁55克
去皮胡萝卜丁60克
香菇丁50克
玉米火腿丁45克
葱花20克

调料 盐1克
鸡粉1克
食用油10毫升

做法

❶ 取一空碗，倒入冷米饭。

❷ 加入香菇丁、胡萝卜丁、葱花、玉米火腿丁、黄彩椒丁，拌匀。

❸ 加入盐、鸡粉，淋入食用油，搅拌均匀。

❹ 取适量搅拌均匀的材料，揉搓成饭团。

❺ 备好烤箱，取出烤盘，放入饭团，推入预热好的烤箱。

❻ 关箱门，以上火220℃、下火200℃，烤5分钟至饭团熟透。

温馨小提示

可以加入适量胡椒粉，这样烤出的饭团味道会更香。

海鲜焗意面

材料 意大利面300克
　　　蘑菇3个
　　　小葱1棵
　　　切块鱿鱼150克
　　　虾仁100克
　　　黄油少许
　　　牛奶200毫升
　　　面粉少许
　　　蔬菜汤125毫升

调料 盐少许
　　　黑胡椒粉少许
　　　橄榄油适量

做法 ————

❶ 蘑菇切片；小葱切成圈状，备用。

❷ 把意面煮到适合咀嚼的软硬程度后捞出备用。

❸ 取平底锅加入橄榄油烧热，加入小葱和蘑菇炒5分钟，倒入鱿鱼和虾仁炒熟，加盐和黑胡椒粉调味，盛碗备用。

❹ 把黄油和面粉和成面团。

❺ 制作酱汁，把蔬菜汤和牛奶倒入汤锅中，加入面团，搅拌并煮沸，加入盐和黑胡椒粉调味，盛碗备用。

❻ 在烤箱容器中刷底油，放入一半意面，然后加入部分酱汁以及海鲜料，再放上另一半意面与海鲜料，浇上剩余酱汁。

❼ 放入200℃烤箱中烤制30分钟即可。

西蓝花鸡肉焗螺丝面

材料 螺丝意面200克
西蓝花200克
熟鸡胸肉100克
番茄丁100克
蘑菇片100克
鸡蛋2个
牛奶90毫升

调料 罗勒叶适量
马苏里拉芝士碎适量
盐少许
黑胡椒少许
橄榄油适量

做法

❶ 西蓝花切成小朵，备用。

❷ 鸡胸肉切成小块，备用。

❸ 部分非点缀用的罗勒叶切成丝，备用。

❹ 把螺丝意面煮至偏好的软硬度，捞出盛碗备用。

❺ 混合番茄丁、鸡胸肉、蘑菇片和西蓝花。

❻ 把牛奶倒入小奶锅中，打入鸡蛋，一直搅拌至煮沸，加入盐、黑胡椒与罗勒叶丝，搅匀盛出备用。

❼ 在刷过底油的烤箱模具中放入蔬菜鸡胸肉和螺丝意面，搅拌均匀，加入牛奶酱汁。

❽ 放入预热至200℃的烤箱中烤30分钟。

❾ 取出，撒上马苏里拉芝士碎再继续烤10分钟。

❿ 取出，撒上罗勒叶点缀即可。

材料 蝴蝶面300克
西葫芦150克
茄子150克
番茄1个
洋葱末100克

调料 意式香草碎适量
马苏里拉芝士碎适量
盐少许
番茄酱75克
黑胡椒少许
橄榄油适量

蔬菜焗蝴蝶面

做法

❶ 番茄切丁，加入盐、意式香草碎、黑胡椒和番茄酱混合搅拌成酱汁备用。

❷ 把西葫芦和茄子切片；洋葱末加入盐和黑胡椒搅匀备用。

❸ 将蝴蝶面煮至合适的软硬度后捞出备用。

❹ 在刷过底油的烤箱模具中铺上一层番茄酱汁，再按照以下顺序铺放食材：蝴蝶面、西葫芦片、番茄酱汁、蝴蝶面、茄子片、洋葱末、马苏里拉芝士碎，放入预热至200℃的烤箱里烤35分钟即可。

材料 罐装金枪鱼60克
玉米粒50克
通心粉200克
青椒丁70克
红椒丁70克
洋葱末70克
火腿50克
熟鸡蛋1个
芝士碎20克

调料 蛋黄酱30克
胡椒碎3克
盐2克
橄榄油适量

焗烤金枪鱼通心粉

做法 ───────

❶ 将通心粉煮9~10分钟；火腿切条；熟鸡蛋切丁，备用。

❷ 锅内注入适量橄榄油，下入所有食材（除金枪鱼、通心粉外）翻炒，待散发出香味后盛入碗中，再加入通心粉和金枪鱼肉，再依次加入蛋黄酱、盐、胡椒碎拌匀，将食材放入小铸铁碗中，表面撒芝士碎。

❸ 放入已预热的烤箱内，以200℃烤10~15分钟即可。

材料 馒头230克

调料 盐2克
　　 孜然粉2克
　　 食用油适量

孜然烤馒头片

做法 ————————————————

❶ 烤盘铺上锡纸，放上切好的馒头片，刷上食用油，撒上盐、孜然粉，放入烤箱，将上下火温度调至180℃，选择"双管发热"功能，烤15分钟。

❷ 取出烤盘，将馒头片翻过来，刷上食用油，撒上盐、孜然粉。

❸ 放入烤箱，续烤5分钟至馒头片熟透入味。

材料 馒头150克
　　　熟白芝麻30克

调料 食用油适量
　　　腐乳汁60克

腐乳汁烤馒头片

做法

❶ 烤盘铺上锡纸，放上切好的馒头片，两面刷上食用油、腐乳汁，撒上熟白芝麻，放入烤箱。

❷ 关箱门，将上火温度调至180℃，选择"双管发热"功能，再将下火温度调至200℃，烤15分钟至馒头片熟。

❸ 取出烤盘，将烤好的馒头片装入盘中。

脆皮烤年糕

材料 年糕50克
馄饨皮50克
蛋黄2个
白芝麻10克

调料 食用油适量

做法

❶ 蛋黄注入少许清水，制成蛋黄液。

❷ 将年糕放入馄饨皮中，卷起来，再抹上蛋黄液，将接口粘起来。

❸ 将蛋液再涂抹在年糕上，撒上白芝麻。

❹ 在烤盘上铺上锡纸，刷上食用油，放入年糕。

❺ 将烤盘放入预热好的烤箱，以上下火均为170℃，烤15分钟。

❻ 待时间到打开箱门，将烤盘取出，把烤好的年糕装入盘中即可。

鸡肉烤年糕

材料 圆白菜20克
洋葱20克
胡萝卜30克
红椒20克
鸡腿120克
年糕40克

调料 韩式辣椒酱20克
食用油适量
白糖少许

做法

❶ 将处理干净的圆白菜、洋葱切成丝；处理好的红椒切丁；洗净去皮的胡萝卜切成片；备好的鸡腿去骨，在鸡肉上划上花刀，装入碗中，放入韩式辣椒酱，注入少许清水，放入白糖，搅拌至入味。

❷ 在铺了锡纸的烤盘上刷上食用油，放入洋葱、圆白菜、红椒、胡萝卜、年糕，放入腌渍好的鸡腿肉，淋上酱汁。

❸ 将烤盘放入预热好的烤箱，以上下火均为200℃，烤25分钟。

串烤培根辣年糕

材料 培根70克，年糕80克，蒜末10克，奶酪碎10克，熟白芝麻5克

调料 盐3克，食用油适量，番茄酱、韩式辣椒酱各20克

做法

❶ 沸水锅中倒入年糕，焯片刻捞出，放入盘中待用。

❷ 碗中放入韩式辣椒酱、番茄酱、蒜末、熟白芝麻、盐、食用油拌匀，制成酱汁。

❸ 将年糕放在培根上，卷起来，再用竹扦串成串。

❹ 烤盘中刷上适量的食用油，放上做好的培根年糕串，涂上酱汁，撒上奶酪碎。

❺ 放入预热好的烤箱，以上下火均为180℃，烤10分钟即可。

材料 罐头金枪鱼120克
番茄1个
切片芝士2片
无边吐司面包2片

调料 意式香草碎适量
盐适量
黑胡椒少许
黄油适量

金枪鱼番茄开口

做法 ─────────

❶ 烤箱预热至180℃，番茄切片备用。

❷ 面包片刷上黄油后，放在刷过底油的烤盘上。

❸ 依次铺上番茄和沥干水分的金枪鱼，撒上盐和黑胡椒，再铺上切片芝士。

❹ 放入烤箱烤15分钟，取出烤过的开口三明治，撒上香草碎做点缀即可。

材料 虾仁8个
切块牛油果150克
洋葱末60克
无边面包2片

调料 蒜末适量
柠檬汁少许
盐适量
黑胡椒少许
辣椒粉适量
橄榄油适量

鲜虾牛油果开口三明治

做法

❶ 虾仁中加入柠檬汁、橄榄油、盐和辣椒粉腌渍。

❷ 把牛油果肉捣成泥，加入洋葱末混合，再加入柠檬汁、橄榄油和盐拌匀。

❸ 烤箱预热至180℃，放入面包片烤10分钟。

❹ 等待烤箱的同时，取平底锅中火加热，加入橄榄油炒香蒜末，再放入虾仁煎熟；取出烤过的面包，每片涂上一层洋葱牛油果酱，摆上四个虾仁，再撒上黑胡椒即可。

法式蒜香面包片

材料 法棍85克
黄油30克
蒜末20克
葱花20克

调料 食用油适量

做法

① 将备好的法棍切成厚片，待用。

② 热锅放入黄油，烧至融化，放入蒜末、葱花，炒香。

③ 将炒好的材料放入备好的碗中，即为酱汁。

④ 在备好的烤盘上铺上锡纸，刷上一层食用油，放上面包片。

⑤ 把制好的酱汁刷在法棍上。

⑥ 将烤盘放入预热好的烤箱中，以上下火温度均为180℃，烤10分钟即可取出。

鲜菇肉片汉堡

材料 生菜75克
猪瘦肉90克
洋葱65克
香菇50克
长条餐包60克

调料 盐1克
黑胡椒粉5克
料酒5毫升
生抽5毫升
食用油适量

做法

❶ 将长条餐包用横刀切开。

❷ 把洗净的香菇切成粗条。

❸ 洗好的洋葱、生菜切丝。

❹ 将洗好的猪瘦肉切片装碗，加入盐、生抽、料酒、黑胡椒粉拌匀，腌渍10分钟。

❺ 取出烤盘，铺上一层锡纸。

❻ 在锡纸上用刷子刷上一层食用油。

❼ 放入已经切好的香菇、洋葱和腌好的瘦肉片。

❽ 打开烤箱门，将烤盘放入预热好的烤箱中。

❾ 以上下火均为180℃，烤15分钟至熟透入味。

❿ 取出烤盘，将烤好的食材装入盘中，待用。

⓫ 取出切好的长条餐包，在一片餐包上放入生菜丝。

⓬ 再放入烤好的洋葱、香菇、肉片，最后放上另一片餐包即可。

丹麦牛角包

材料 高筋面粉170克
低筋面粉30克
鸡蛋40克
酵母4克
黄油20克
片状酥油70克
奶粉20克

调料 细砂糖50克

做法

❶ 将高筋面粉、低筋面粉、奶粉、酵母倒在面板上，搅拌均匀。

❷ 在中间掏一个粉窝，倒入备好的细砂糖、鸡蛋，将其拌匀。

❸ 倒入清水，将内侧一些的粉类跟水搅拌匀。

❹ 倒入黄油，一边翻搅一边按压，制成表面平滑的面团。

❺ 撒点干粉在面板上，用擀面杖将揉好的面团擀制成长形面片，放入备好的片状酥油。

❻ 将另一侧面片覆盖，把四周的面片封紧，用擀面杖擀至里面的酥油分散均匀。

❼ 将擀好的面片叠成三层，再放入冰箱冷冻10分钟。

❽ 待10分钟后将面片拿出继续擀薄，依此擀薄、冷冻反复进行3次，再拿出擀薄擀大。

❾ 将不整齐的边切掉，借助量尺，将面片切成大小一致的长等腰三角形的面皮。

❿ 依次将面皮从宽的那端慢慢卷制成面坯，放入烤盘，发酵至2倍大。

⓫ 将烤盘放入预热好的烤箱，关上烤箱门。

⓬ 以上火200℃、下火190℃，烤15分钟至面包松软。

法式面包

材料 高筋面粉250克
酵母5克
鸡蛋1个
黄油20克

调料 盐1克
细砂糖20克

做法 ———————————

❶ 将高筋面粉、酵母倒在面板上，拌匀开窝。

❷ 倒入鸡蛋、细砂糖、盐，拌匀，加入水，再拌匀，放入黄油。

❸ 慢慢和匀至材料完全融合，再揉成面团。

❹ 用备好的电子秤称取80克左右的面团，依次称取两个面团。

❺ 将面团揉圆，取一个面团，压扁，擀薄。

❻ 卷成橄榄形状，收紧口，装在烤盘中。

❼ 依此制成另一个生坯，装在烤盘待其发酵。

❽ 待发酵至2倍大，在生坯表面斜划两刀，筛上适量的高筋面粉。

❾ 烤箱预热，把烤盘放入中层，以上、下火均为200℃，烤15分钟至食材熟透。

温馨小提示

在面包上划两刀，可起到装饰作用，也可使面包烤得更酥脆，提升口感。

芝麻法包

材料 高筋面粉250克　　　　　纯牛奶80毫升
　　　鸡蛋1个　　　　　　　　黄油20克
　　　酵母3克　　　　　　**调料** 盐2克
　　　白芝麻适量

做法

❶ 把酵母、白芝麻放入高筋面粉中，倒在案台上，用刮板开窝。

❷ 加盐、纯牛奶、鸡蛋，刮入面粉，揉搓匀；加入黄油，混合均匀，揉搓成光滑的面团，分切成小剂子。

❸ 取两个小剂子，搓成球状，擀成面皮；将面皮卷成卷，再搓成两头尖、中间粗的梭子状。

❹ 把生坯放入烤盘，在常温下发酵90分钟，用小刀在发酵好的生坯上划几道小口，将适量高筋面粉过筛至生坯上。

❺ 放入预热好的烤箱里，以上下火均为190℃烤15分钟至熟。

牛油果金枪鱼烤法棍

材料 芝士碎60克
牛油果145克
罐头金枪鱼45克
法棍85克

调料 食用油适量

做法

❶ 将法棍切成厚片；洗净的牛油果切开，去核，去皮，切块。

❷ 将切好的牛油果放入捣罐里捣成泥。

❸ 将牛油果泥装碗，放入罐头金枪鱼，搅拌均匀，待用。

❹ 在备好的烤盘上铺上锡纸，刷上适量食用油。

❺ 放入法棍，在法棍上铺上牛油果金枪鱼泥，撒上芝士碎。

❻ 放入预热好的烤箱，以上下火均为190℃，烤10分钟即可。

紫薯泡芙

泡芙体食材 低筋面粉180克
无盐黄油105克
鸡蛋5个
细砂糖20克
盐2克

馅料食材 紫薯2个
亚麻籽10克
小麦胚芽20克
牛奶50毫升
椰蓉20克

做法

泡芙体：

❶ 将250毫升清水、软化黄油、细砂糖、盐放入不粘锅中，用中火将混合物煮至沸腾，离火，趁热筛入低筋面粉，用刮刀拌匀。将面糊放回火源，以中小火加热面糊，搅拌加热至约80℃，离火盛出。

❷ 将5个鸡蛋混合打散，将混合后的蛋液分次加入到步骤1的面糊之中，拌匀，融合至用刮刀将面糊拉起来成倒三角的状态即可。

❸ 将制作好的泡芙面糊填入裱花袋内，挤在铺好烘焙油纸的烤盘上，用勺子把泡芙尖压平。

❹ 烤箱预热200℃，放在烤箱中层烤约20分钟至泡芙体完全鼓起，在烤箱余温中烘5分钟再取出。

泡芙馅：

❶ 紫薯用开水煮熟后捞出去皮，用料理棒把紫薯压成泥，加入小麦胚芽、椰蓉和亚麻籽拌匀，倒入牛奶搅拌成糊状，填入裱花袋。

❷ 用小刀在泡芙上切开一口，挤入紫薯泥即可。

鲜蔬虾仁比萨

面皮 高筋面粉200克
酵母3克
黄奶油20克
盐1克
白糖10克
鸡蛋1个

馅料 芝士丁40克
西蓝花45克
虾仁适量
玉米粒适量
番茄酱适量

做法

❶ 高筋面粉倒入案台上，用刮板开窝。

❷ 加入80毫升水、白糖，搅匀，加入酵母、盐，搅匀。

❸ 放入鸡蛋，搅散。

❹ 刮入高筋面粉，混合均匀。

❺ 倒入黄奶油，混匀。

❻ 将混合物搓揉成纯滑的面团。

❼ 取一半面团，用擀面杖均匀擀至圆饼状面皮。

❽ 将面皮放入比萨圆盘中，稍加修整，使面皮与比萨圆盘完整贴合。

❾ 用叉子在面皮均匀地扎上小孔，将处理好的面皮放置在常温下发酵 1 小时。

❿ 面皮上铺玉米粒、切小朵的西蓝花、虾仁，挤上番茄酱，撒上芝士丁，比萨生坯制成。

⓫ 预热烤箱后，温度调至上、下火200℃，放入比萨生坯，烤10分钟至熟即可。

材料 全麦吐司片2片
马苏里拉芝士片3片
青豆粒1把
玉米粒1把
紫甘蓝3片
西蓝花4朵
胡萝卜半个
口蘑1个
圣女果5个
蓝莓1把
番茄酱适量

彩虹吐司比萨

做法

❶ 将紫甘蓝洗净切丝；西蓝花洗净切碎；口蘑、部分胡萝卜及圣女果全部切丁；青豆粒、玉米粒洗净焯熟备用。

❷ 在两片吐司上抹少许番茄酱，分别放上一片马苏里拉芝士片，将另外一片芝士片切条补全不足的地方，将蔬菜粒由浅至深依次摆在吐司上。

❸ 烤箱调至180℃，进行预热，将彩虹吐司放入中层，烤10分钟即可。

❹ 剩余的胡萝卜切丝，与蓝莓摆在盘边做装饰。